Prix : 2 fr.

Le Pommier
à cidre et les meilleurs
Fruits de pressoir ৯৯

Par Eug. FAU

30 GRAVURES ET 32 PLANCHES
HORS TEXTE

🄻 Librairie Larousse PARIS

LE POMMIER
A CIDRE

BIBLIOTHÈQUE RURALE

L'Agriculture moderne, par V. Sébastian. Encyclopédie de l'agriculteur. 560 pages, 674 gravures. Broché, 5 fr.; relié toile....... 6 fr. 50

La Ferme moderne, traité des constructions rurales, par M. Abadie. 390 gravures et plans. Broché, 3 fr.; relié toile............. 4 francs

Prairies et pâturages, par H. Compain. Praticulture moderne. 181 gravures. Broché, 3 fr.; relié toile...................... 4 francs

La Culture profonde et les améliorations foncières, par R. Dumont. 33 gravures. Broché, 1 fr. 50; relié toile.................. 2 fr. 25

Rotations et assolements, par F. Parisot. Broché, 2 fr.; relié toile... 3 francs

Les Sols humides, par R. Dumont. 52 gravures. Broché, 2 fr.; relié toile.. 3 francs

L'Outillage agricole, par H. de Graffigny. 240 gravures. Broché, 2 fr.; relié toile.................................... 3 francs

Les Industries de la ferme, par Larbalétrier. 160 gravures. Broché, 2 fr.; relié toile................................ 3 francs

La Médecine vétérinaire à la ferme, par le Dr Moussu, professeur à l'École d'Alfort. 82 gravures. Broché, 3 fr.; relié toile....... 4 francs

Le Bétail, par Troncet et Tainturier. 100 gravures. Broché, 2 fr.; relié toile.. 3 francs

La Basse-Cour, par Troncet et Tainturier. 80 gravures. Broché, 2 fr.; relié toile...................................... 3 francs

L'Élevage en grand de la volaille, par W. Palmer. Broché, 1 fr. 50; relié toile.. 2 fr. 25.

L'Arboriculture fruitière en images, par Vercier. 101 planches. Broché, 3 fr.; relié toile............................... 4 francs

L'Arboriculture pratique, par Troncet et Deliège. 190 gravures. Broché, 2 fr.; relié toile............................... 3 francs

La Viticulture moderne, par G. de Dubor. 100 gravures. Broché, 2 fr.; relié toile...................................... 3 francs

L'Apiculture moderne, par Clément. 153 gravures. Broché, 2 fr.; relié toile.. 3 francs

Le Jardin potager, par Troncet. 190 gravures. Broché, 2 fr.; relié toile.. 3 francs

Le Jardin d'agrément, par Troncet. 150 gravures. Broché, 2 fr.; relié toile.. 3 francs

Comptabilité agricole, par Barillot. Br., 2 fr.; relié toile. 3 francs

Destruction des insectes et autres animaux nuisibles, par A.-L. Clément. 400 gravures. Broché, 2 fr.; relié toile............. 3 francs

Les Animaux de France, par Clément et Troncet. 160 gravures. Broché, 2 fr.; relié toile................................ 3 francs

Écoles et cours d'agriculture, par R. Duguay. 39 gr. Br. 1 franc

Librairie Larousse, 13-17, rue Montparnasse, Paris (6e).

LE POMMIER
A CIDRE ET LES
MEILLEURS FRUITS DE PRESSOIR

Par Eugène FAU,
professeur spécial
d'Agriculture à Vitré.

30 GRAVURES ET UN ALBUM
de 32 planches photographiques hors texte.

LIBRAIRIE LAROUSSE, PARIS
13-17, RUE MONTPARNASSE. — SUCCURSALE : RUE DES ÉCOLES, 58

INTRODUCTION

L A France produit en moyenne, par an, 44 millions d'hectolitres de vin, 16 millions d'hectolitres de cidre et
8 millions d'hectolitres de bière.

On voit par là que le cidre tient une place importante parmi
les boissons hygiéniques, surtout si l'on considère qu'une grande
partie des vins produits en France est exportée à l'étranger,
tandis que presque tout le cidre est consommé sur place.

Il est donc permis, sans exagération, de comparer l'importance de la culture du pommier à cidre à celle de la vigne.
Nous ajouterons même qu'au point de vue économique cette
importance est plus grande, puisque les terrains plantés en
vignes exigent une main-d'œuvre et une dépense considérables
pour ne donner qu'un seul produit : le vin. Les pommiers, au
contraire, tout en se contentant de peu de soins, voient encore
de belles récoltes pousser sous leur couvert :

> « Et dans le même champ une double moisson
> Nous donne l'aliment auprès de la boisson »,

suivant l'heureuse expression du poète.

Mais un point noir nous arrête aussitôt. Les statistiques officielles accusent des variations de 5 à 40 millions d'hectolitres
dans la production annuelle des cidres. Ces variations sont six

fois plus considérables que pour le blé, quatre fois plus que pour le vin. On comprend aisément quelles perturbations de pareils écarts doivent apporter dans les transactions commerciales et par suite quel intérêt économique il y aurait à les réduire.

Cela est-il possible ?

Pour répondre à cette question, il faut d'abord se demander quelles sont les causes de cet état de choses :

Doit-on incriminer la nature de l'arbre, ses exigences particulières, les intempéries, les attaques des insectes ou des cryptogames? Certes non. Les agriculteurs savent très bien qu'il y a, un peu partout, des pommiers vivant dans les mêmes conditions que les autres et produisant néanmoins régulièrement tous les ans. Il faut chercher autre chose.

Depuis un demi-siècle on s'est attaché, par la sélection et le croisement, à créer des variétés de blés résistantes aux maladies cryptogamiques et parfaitement adaptées aux divers sols et aux divers climats. On a fait de même pour les betteraves et les pommes de terre industrielles et fourragères. Les divers cépages, les meilleurs procédés culturaux, les fumures rationnelles qui leur conviennent ont été l'objet de la sollicitude de tous. Qui ne se souvient encore du branle-bas scientifique provoqué par la crise phylloxérique et qui aboutit à la reconstitution rapide de nos vignobles !

Toutes les cultures ont largement profité des données nouvelles de l'Agronomie moderne ; seule, celle du pommier à cidre paraît vouloir rester en arrière.

Au pays des vergers, les préjugés, les traditions, voire même les sortilèges semblent être plus en honneur que les préceptes enseignés et vérifiés par la science. On y parle encore de pommiers « chanceux », des mauvais vents qui grillent les fleurs, des méfaits de la lune. Une pratique typique nous montrera bien à quel point on en est encore dans certaines régions de la Bretagne. Voulez-vous savoir si la récolte des pommes sera abondante l'année prochaine ? C'est facile, vous dira-t-on. Dans la nuit du Vendredi-Saint, placez un verre plein d'eau dans les branches d'un pommier : si le liquide se congèle, vous n'aurez pas de pommes ; si non, comptez sur une année d'abondance.

Et cependant, il faut reconnaître que, depuis une trentaine d'années, des sociétés et des savants ont essayé de réagir contre un pareil état de choses en s'efforçant de faire rentrer la pomologie dans une voie scientifique. Il semble même que leur persévérance ait été couronnée de quelques succès. Malheureusement ils ont devant eux deux gros obstacles à franchir : les habitudes commerciales régissant la vente des fruits de pressoir et le laisser-aller des agriculteurs.

Les betteraves à sucre, les pommes de terre à fécule sont achetées au degré de richesse en sucre ou en fécule, tandis que les pommes à cidre sont uniquement vendues au poids brut, et souvent, ce qui est encore plus mauvais, au volume. Nous aurons plus loin l'occasion de montrer quels écarts les diverses espèces de pommes présentent au point de vue de leur richesse saccharine, de leur parfum et de la quantité de jus qu'elles fournissent. Si vous voulez que l'agriculteur marchand de pommes cultive les bonnes variétés que vous lui recommandez, faites en sorte qu'il en obtienne un prix de faveur.

Le laisser-aller du planteur de pommier est notoire ; il se soucie fort peu de conserver aux pommes qui poussent dans ses vergers leurs noms plus ou moins classiques. Il semble même prendre un malin plaisir à les débaptiser. Il en résulte une confusion inextricable amenant de graves conséquences : la multiplicité des noms donnés à un même fruit est la principale cause de l'extension des variétés défectueuses ; elle entrave par contre la propagation des espèces d'élite.

Que faire à cela ? D'abord, et avant tout, limiter au plus petit nombre possible les variétés recommandables ; ensuite bien indiquer les caractères, les exigences et les mérites de chacune d'elles. Enfin, pour établir cette liste des fruits d'élite, il conviendra de tenir compte des desiderata des producteurs suivant le parti qu'ils veulent tirer de leur récolte.

Pour beaucoup de pomologues, le densimètre est l'unique critérium de la qualité d'un fruit. Seules, selon eux, les pommes à haute densité devraient être cultivées à l'exclusion des autres. Grave erreur ! Pour un agriculteur, la meilleure variété sera celle qui fournit un cidre corsé, riche en alcool ; pour un second, celle qui se montre le plus fertile ; pour un troisième, celle qui donne un cidre léger, fin et parfumé ; pour un quatrième enfin, celle qui est surtout demandée pour l'exportation à l'étranger. Il n'y a donc pas une catégorie unique de pommiers, établie sur un type de composition déterminée, mais bien une série de catégories correspondant aux divers partis que le producteur se propose de tirer de ses fruits.

Ce sont surtout ces dernières considérations qui nous serviront de guide dans le cours de cet ouvrage.

.˙.

L'origine de la culture du pommier à cidre est peu connue ; on peut cependant affirmer hardiment qu'elle remonte très loin dans l'antiquité : les Hébreux, les Romains et les Gaulois connaissaient en effet le *vin de pommes*.

Chacune des grandes régions françaises productrices de cidre réclame pour elle l'honneur d'avoir, la première, préparé cette boisson. Sans essayer de prendre parti dans la discussion, contentons-nous d'enregistrer les faits suivants :

En *Bretagne*, on peut faire remonter l'usage du cidre au ve siècle de notre ère, dans la presqu'île de Crozon (Finistère) et au ixe dans le Morbihan, comme cela ressort des documents cités par M. Arthur de la Borderie, historien de cette province. Toutefois il est à remarquer qu'à ces époques reculées, la vigne occupait une grande place dans le pays breton et que le vin y était plus en faveur que le cidre.

Au moment de l'invasion des Normands, vignobles et vergers furent détruits. Vinrent ensuite les terreurs de l'an 1000 et c'est seulement au xie siècle que la culture du pommier prit une grande extension.

En *Picardie*, le cidre est connu de date immémoriale. Les chroniques d'Engilbert, abbé de Saint-Riquier et neveu de Charlemagne, parlent longuement des repas donnés à l'abbaye et dont la boisson était le cidre. Remontant plus haut, on sait que les Francs à leur arrivée en Picardie s'enivraient avec le jus fermenté de la pomme.

Au début du siècle dernier, un mouvement économique faillit compromettre pour toujours la culture du pommier en Picardie. La vente des céréales et des plantes textiles laissait de très gros bénéfices aux agriculteurs et. par surcroît, la théorie du bétail *mal nécessaire* était élevée à la hauteur d'un dogme. Comme les terres picardes convenaient admirablement aux textiles et aux céréales, on défricha les pâtures pour les mettre en labours. Les pommiers disparurent du même coup et il faut arriver jusqu'en 1879 pour voir réapparaître les vergers d'antan.

Pour ce qui est de la *Normandie*, sa réputation n'est plus à faire. Il faut reconnaître qu'à travers les âges, ses habitants ont su conserver leur bon renom et produire toujours un cidre « bien gouleyant et pas trop soulatif », suivant l'expression du pays. Il serait injuste aussi de ne pas reconnaître que c'est de la Normandie qu'est parti le mouvement scientifique qui a fait entrer la pomologie dans la voie qu'elle commence à suivre aujourd'hui.

P. S. — Les planches placées à la fin de ce volume sont la reproduction de sujets (arbres et fruits) photographiés par M. TRUFAULT, de Rennes, dans les vergers d'étude de M. HÉRISSANT, de l'École d'agriculture des Trois-Croix. Nous les remercions bien sincèrement, ainsi que M. DE PONTAUMONT, directeur du journal *le Cidre et le Poiré*, pour l'amabilité avec laquelle ils ont bien voulu mettre ces documents à notre disposition.

A ceux de nos lecteurs qui voudraient pousser plus loin leurs études sur le pommier à cidre nous recommandons tout particulièrement la lecture des ouvrages de M. TRUELLE, dont nous nous sommes inspiré dans la rédaction de ce travail.

E. F.

LE POMMIER A CIDRE

PREMIÈRE PARTIE

CULTURE DES ARBRES A FRUITS
DE PRESSOIR

I. — RÉPARTITION GÉOGRAPHIQUE

Comme pour toutes les productions agricoles, le climat et la nature du sol délimitent assez nettement l'aire géographique de la culture des arbres à fruits de pressoir.

Le pommier et le poirier craignent les grandes chaleurs et les hâles du printemps. Pour assurer leur bonne venue, une température uniformément douce, une atmosphère humide et un ciel légèrement brumeux sont indispensables.

En ce qui concerne le sol, sa composition chimique importe assez peu ; mais l'état physique sous lequel il se présente doit retenir l'attention des pomiculteurs. Tandis que le poirier vient très bien dans les terrains humides, le pommier, au contraire, les redoute beaucoup et semble ne vouloir donner d'excellents produits que dans les terroirs privilégiés dont nous parlerons plus loin.

France. — Les statistiques officielles enregistrent la culture du pommier et du poirier à cidre dans soixante-douze départements français; cependant trente-huit seulement retiendront notre attention. Nous les classerons par provinces en indiquant entre parenthèse, pour chacun d'eux, la production moyenne annuelle en quintaux de fruits (fig. 1).

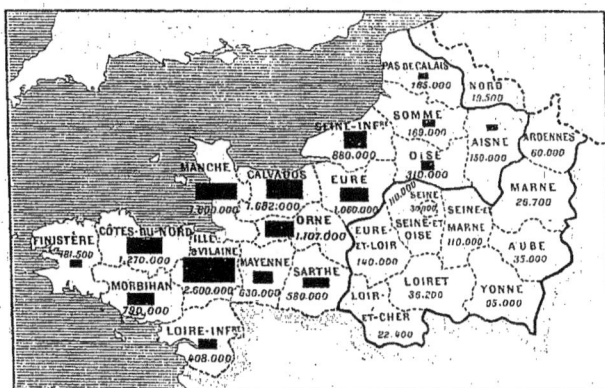

Fig. 1. — Répartition géographique de la culture des arbres à fruits de pressoir en France.

Les rectangles en noir concernent les départements dont la production annuelle est égale ou supérieure à 150.000 quintaux.

Au premier rang et hors pair viennent :

1° *La Bretagne*. — Côtes-du-Nord (1.270.000); Finistère (181.500); Ille-et-Vilaine (2.600.000); Loire-Inférieure (408.000); Morbihan (790.000).

2° *La Normandie*. — Calvados (1.682.000); Eure (1.060.000); Orne (1.107.000); Manche (1.600.000); Seine-Inférieure (880.000).

3° *Le Maine*. — Mayenne (630.000); Sarthe (580.000).

4° *La Picardie et l'Artois*. — Aisne (150.000); Oise (310.000); Pas-de-Calais (165.000); Somme (169.000).

En seconde ligne arrivent :

5° *L'Ile-de-France.* — Nord-Ouest de la Seine-et-Oise (110.000); Seine-et-Marne (110.000); Seine (30.000).

6° *L'Orléanais.* — Eure-et-Loir (140.000); Arrondissement de Vendôme dans le Loir-et-Cher (22.400); Arrondissement de Montargis dans le Loiret (36.200).

7° *La Champagne.* — Ardennes (60.000); Marne (26.700); Région de l'Othe au sud de Troyes, dans l'Aube (35.000); Yonne (95.000).

8° *La Flandre.* — Nord (19.500).

Pour être exact, il convient d'ajouter à cette liste les départements du Cher, des Deux-Sèvres, de l'Indre-et-Loire et du Maine-et-Loire; les coteaux et les plaines ensoleillés de l'*Auvergne* (Puy-de-Dôme), du *Limousin* (Corrèze et Haute-Vienne) et de la *Manche*, ainsi que les vallées fraîches et abritées des Pyrénées (Basses-Pyrénées), des Cévennes (Lozère), du Jura et des Alpes-de-Savoie (Savoie et Haute-Savoie).

Certains points de l'aire géographique que nous venons d'esquisser pour la France jouissent d'une réputation spéciale et constituent ce qu'on est convenu d'appeler les *bons crus*. Citons les plus connus sans vouloir rabaisser en quoi que ce soit le mérite des régions que nous laisserons de côté. Ce sont :

Pour le cidre. — Les Pays d'Auge et de Caux : environs de Gournay, de Neufchâtel et d'Yvetot, dans la Seine-Inférieure ; le Pays d'Auge et la région de Pont-l'Evêque, dans le Calvados; l'Avranchin et la presqu'île du Cotentin dans la Manche ; les Arrondissements du Mans et de Mamers dans la Sarthe; la Thiérache dans l'Aisne; l'Arrondissement de Vitré et en particulier les cantons de la Guerche et d'Argentré dans l'Ille-et-Vilaine.

Pour le poiré. — Les Arrondissements de Domfront et de Mortagne dans l'Orne; l'Arrondissement de Mayenne dans la Mayenne ; les départements de la Manche et de l'Eure.

Étranger. — Ceci dit, et mettant la France de côté, la culture des arbres à fruits de pressoir occupe une place importante dans les pays suivants :

1° *Espagne.* — Provinces des Asturies, de Guipuzcoa, de Biscaye, de Santander et d'Oviédo.

2° *Allemagne.* — Région du Taunus en Prusse, Wurtemberg, Grand-Duché de Bade, Alsace, Bavière, Saxe-Posen, Brandebourg, Schleswig, Palatinat.

3° *Angleterre.* — Provinces d'Hérefort, Glowcester, Worcester, Somerset, Devon, Cornouailles, îles anglo-normandes.

4° *Suisse.* — Cantons de Genève, Lausanne, Zurich, Lucerne, Fribourg, Saint-Gall, Valais, Argovie, Thergovie, Pays de Vaud.

5° *Italie.* — Toute la région septentrionale.

6° *Autriche.* — Bohême, Moravie, Styrie, Carinthie.

7° *Luxembourg.*

8° *États-Unis.* — États d'Orégon, Michigan, Caroline-du-Nord, Kentucky, Tennessee, Sowa, Ouest de l'État de New-York, Washington, Sud de la Minnesota, N.-O. de l'Arkansas, S.-O. de Missouri, Est de Kansas, Sud de l'Iowa et Californie.

9° *Canada.*

Cette énumération, peut-être un peu longue, a un but : mettre en garde les pomiculteurs français contre le péril de la concurrence qui les menace. Il ne faut pas se le dissimuler, l'Allemagne et les États-Unis, pour ne citer que ces deux pays, nous livrent sur ce point, comme sur bien d'autres, un redoutable assaut.

Dans ce qui précède nous n'avons envisagé que la culture du pommier. Celle du poirier occupe une place bien moindre. Le Calvados, l'Eure, l'Orne, la Mayenne et la Seine-Inférieure constituent à peu près son aire géographique, et encore pourrait-on réduire les bons crus au Bocage normand, au Passais et à la Vallée d'Auge.

II. — LES FRUITS DE PRESSOIR

Dans le cours de cet ouvrage, tout en attachant une grande importance au pommier, nous n'entendons pas laisser de côté le poirier comme on a malheureusement l'habitude de le faire dans presque tous les traités de pomologie. Nous montrerons au contraire plus loin que cet arbre, par ses qualités et celles de ses produits, mérite mieux que la réputation qui lui a été faite et qu'il a sa place marquée dans tous les vergers.

Caractères distinctifs des pommes et des poires. — Les pommes se différencient pratiquement des poires par les caractères suivants, qu'il est nécessaire de fixer pour la compréhension de certains chapitres de notre travail :

1° La pulpe des poires est parsemée d'une infinité de cellules scléreuses. Ces cellules ne s'applatissant pas sous l'action du pressoir, le jus des fruits s'extrait avec beaucoup de facilité ; il est pour ainsi dire drainé naturellement. Ces cellules scléreuses ne se rencontrent jamais chez les pommes.

2° Les pommes sont assez souvent côtelées et présentent presque toujours des mamelons sur leur surface ; les poires, au contraire, ne présentent jamais de côtes et très rarement des mamelons.

3° Le jus des pommes a une saveur douce, amère ou acide, jamais âpre au palais, tandis que celui des poires présente toujours cette particularité.

Composition des pommes et des poires. — *Pommes.* —En moyenne une pomme se compose des éléments suivants :

Pulpe.	96 °/₀
Peau.	3,5
Pépins.	0,5

Ce qui donne au pressurage :

92 à 35 % de jus
et   5 à 8 % de marc.

Au point de vue chimique les pommes mûres renferment les éléments constitutifs suivants :

1° Trois *sucres* (saccharose, glucose, lévulose) qui, sous l'action des levures, se transforment en alcool ;

2° De petites quantités d'*amidon* et de matières azotées albuminoïdes, qui servent d'aliments aux levures ;

3° De la *glycérine*, qui donne au cidre du moelleux ;

4° Des *acides* (tartrique et surtout malique), qui assurent la fraîcheur, la sapidité et le bouquet du cidre ;

5° Des *matières tanniques*, qui fournissent à la boisson son amertume et sa couleur. Elles sont un principe de conservation, car elles protègent le cidre contre le durcissement. De plus, elles atténuent les effets nuisibles de l'alcool sur l'organisme humain.

6° Des *diastases* (pectases), matières coagulantes qui, avec le tannin, assurent la clarification. L'*oxydase*, agent de l'oxydation du tannin, donne au cidre sa belle couleur jaune ambrée, mais, en se suroxydant, amène le noircissement.

7° Des *matières minérales* (phosphates, chlorures et sulfates alcalis) qui, avec l'amidon, nourrissent les levures.

La peau et les anfractuosités de la pomme sont couvertes d'une grande quantité d'*infiniment petits* (bactéries, germes ou levures), dont les uns sont utiles et les autres nuisibles. Plus les espèces seront nombreuses, plus les levures travailleront difficilement. Cela découle de l'éternel principe de la lutte pour la vie. Il y a donc un très grand avantage à laver les fruits avant le brassage et à procéder à un premier soutirage lorsque la fermentation tumultueuse est terminée.

Quelle est la composition chimique moyenne d'une bonne pomme ?

On admet généralement qu'elle doit contenir par litre de moût :

		Grammes
Sucre total.	au moins	120
Tannin .		3 à 4
Matières pectiques		6 à 8
Acide malique		3 à 4

Poires. — Les poires présentent une composition chimique et microbiologique analogue à celle des pommes. On y rencontre les mêmes éléments, mais en proportions différentes.

Elles sont généralement moins riches en tannin que les pommes, mais sont plus acides. Elles renferment en outre beaucoup moins de matières pectiques; c'est ce qui explique pourquoi le poiré s'éclaircit très vite et très bien et pourquoi on ajoute souvent du poiré au cidre pour le clarifier.

Quant aux sucres, les poires en contiennent à peu près autant que les pommes.

Classification des fruits de pressoir suivant la prédominance de tel ou tel élément (*Analyse chimique. Aspect de la peau*). — On range les pommes à cidre en trois grandes catégories suivant le goût que leur imprime la prédominance de tel ou tel de leurs composants chimiques :

1° Les pommes *douces,* ou riches en sucre;

2° Les pommes *amères,* ou riches en tannin ;

3° Les pommes *acides,* chez lesquelles l'acide malique prédomine. Tout les fruits de cette dernière catégorie sont très juteux et très parfumés.

Bien que cette classification soit assez élastique, elle présente néanmoins de sérieux avantages au point de vue pratique. On admet en effet que pour obtenir un bon cidre, il est presque toujours nécessaire d'effectuer un mélange judicieux de fruits doux et amers assurant la richesse alcoolique, le ton et la conservation. On admet aussi que l'adjonction de quelques pommes acides à ce mélange permet d'obtenir une clarification rapide et un bouquet particulier.

Il est donc utile, sinon indispensable, de pouvoir délimiter les trois groupes dont nous venons de parler.

L'analyse chimique complète peut seule nous fixer sur la teneur exacte des divers principes contenus dans les pommes. A son défaut, le densimètre et les tables qui l'accompagnent, l'aspect, la couleur de la peau des fruits et la dégustation fournissent au praticien des indications suffisantes dans presque tous les cas.

En ce qui concerne la *dégustation*, on sait qu'un palais exercé arrive très rapidement à délimiter les saveurs douces (fruits riches en sucres), amères (fruits riches en tannin), acides (fruits riches en acides malique et tartrique).

Les indications fournies par l'*aspect extérieur des fruits* sont moins connues.

On a remarqué que tous les fruits, toutes les racines, ainsi que tous les tubercules d'un aspect terne ou mat, à épiderme rugueux, sont riches en matières hydrocarbonées (sucre ou fécule suivant les cas). C'est le contraire qui se produit lorsque leur peau est lisse et luisante. Cette constatation, purement empirique, a reçu une explication scientifique sur laquelle nous ne pouvons insister ici.

En parlant des pommes, lorsqu'on recherche surtout des cidres alcoolisés, on pourrait dire avec M. Raquet :

« Les bonnes sont laides et les mauvaises jolies. Les bonnes sont souvent lavées de roux, ont comme costume ordinaire la modeste robe de bure de la paysanne laborieuse. Les mauvaises, au vêtement de soie riche, sont pauvres en sucre. »

La *Médaille-d'or*, la *Bramtôt*, la *Grise-Dieppois*, qui accusent une forte teneur en sucre, ont une peau terne.

La *coloration* des fruits nous fournit encore de précieuses indications :

Une peau verte et transparente dénote une variété acide. Une peau rouge annonce un fruit donnant un cidre parfumé et très fin de goût.

Classification des variétés de pommes d'après les époques de floraison et de maturité des fruits. — *Pommes.* — Au point de vue de leur floraison, on classe les pommiers de la façon suivante :

1re *floraison* : pommiers fleurissant en avril :
2e *floraison* :   —   —   du 1er au 15 mai :
3e *floraison* :   —   —   du 15 mai au 1er juin :
4e *floraison* :   —   —   du 1er juin au 1er juillet :

Lorsque nous parlerons du greffage, nous montrerons qu'il faut tenir grand compte de la concordance des époques de floraison entre le sujet et le greffon.

La connaissance de ces époques permet aussi de cultiver des variétés à floraisons échelonnées de façon à ce qu'une seule gelée blanche ne vienne pas compromettre toute la récolte ;

elle permet en outre de placer dans les vallées froides ainsi qu'à l'exposition du soleil levant les variétés à floraison tardive qui sont toutes désignées pour ces situations.

Au point de vue de leur maturité pour le brassage, les pommes se classent également en trois saisons :

1re *saison :* celles mûrissant du 15 septembre au 1er novembre.

2e *saison :* — du 1er novembre au 1er décembre.

3e *saison :* — à partir du 1er décembre.

Nous ne dirons rien de l'*analyse chimique complète*. Elle n'est pas du ressort de l'agriculteur.

En ce qui concerne le *densimètre,* bien qu'à l'heure actuelle il soit d'un usage courant, les services qu'il peut rendre sont tellement importants qu'il nous semble bon d'y insister.

Les fig. 2 à 4 et la table de M. Lechartier (p. 21) sont assez précises pour nous dispenser de toute description technique.

On peut puiser dans cette table d'utiles renseignements sur la richesse saccharine de telle variété

Fig. 2. — Broyeur et presse
pour les essais densimétriques.

déterminée, ce qui permettra au cidrier de préparer un mélange rationnel de fruits suivant le but qu'il se propose d'atteindre.

Cette table lui fera en outre connaître d'une façon suffisamment approximative quelle sera, après fermentation, la richesse alcoolique d'un moût déterminé, renseignement excessivement intéressant lorsqu'il s'agit de cidre destiné à la vente, puisque

la plupart des villes exigent de cette boisson un quantum
d'alcool déterminé.

Grâce au densimètre, on peut encore fixer quelle est la
quantité de sucre qu'il
convient d'ajouter à un
moût trop faible pour
relever convenablement
sa richesse alcoolique.

On admet que pour
obtenir 1 degré d'alcool
dans un hectolitre de
moût il faut 1 kg. 700
de sucre.

Soit donc un moût
marquant 1.035 au den-
simètre. Ce moût, après
complète fermentation,
nous dit la table de M. Lechartier, nous donnera
un cidre titrant 4°,4. Pour
obtenir du cidre dosant

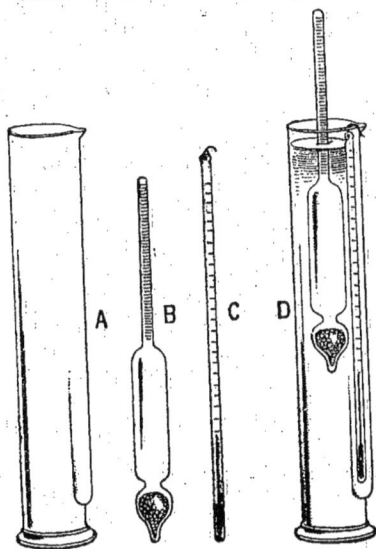

Fig. 3. — Matériel nécessaire
pour la prise de densité d'un moût.

A, éprouvette; B, densimètre; C, thermo-
mètre; D, mise en place de tous les instruments pour l'essai.

6° d'alcool, il faudra donc lui ajouter 2 fois 1 kg. 700 de sucre par
hectolitre.

Le densimètre permet encore de
déterminer le moment précis où
doivent s'effectuer les soutirages.

Quand on procède à un seul
soutirage, il aura lieu lorsque l'instrument plongé dans le liquide en

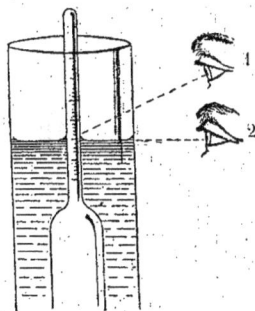

Fig. 4. — Lecture
du degré densimétrique.

1, lecture approximative;
2, lecture définitive.

fermentation marque 1.025. Quand on en fait deux, le premier se fera à 1.030 et le second à 1.020. Pour les cidres

Dosage des moûts. — Table dressée par M. Lechartier.

DENSITÉ	POIDS du sucre en grammes par litre de moût.	TITRE correspondant en alcool.	DENSITÉ	POIDS du sucre en grammes par litre de moût.	TITRE correspondant en alcool.
1.100	207	12,4	1.058	125	7,5
1.099	206	12,4	1.057	123	7,4
1.098	205	12,3	1.056	120	7,2
1.097	204	12,2	1.055	118	7,1
1.096	202	12,1	1.054	117	7,0
1.095	201	12,1	1.053	114	6,8
1.094	199	12,0	1.052	111	6,7
1.093	198	11,9	1.051	109	6,5
1.092	196	11,8	1.050	106	6,4
1.091	195	11,7	1.049	104	6,2
1.090	193	11,6	1.048	102	6,1
1.089	191	11,5	1.047	100	6,»
1.088	188	11,3	1.046	98	5,8
1.087	186	11,2	1.045	95	5,7
1.086	184	11,»	1.044	93	5,6
1.085	182	10,9	1.043	91	5,5
1.084	180	10,8	1.042	88	5,3
1.083	178	10,7	1.041	86	5,2
1.082	175	10,5	1.040	84	5,0
1.081	173	10,4	1.039	82	4,9
1.080	171	10,3	1.038	80	4,8
1.079	169	10,1	1.037	78	4,7
1.078	167	10,»	1.036	76	4,5
1.077	165	9,9	1.035	74	4,4
1.076	163	9,8	1.034	72	4,3
1.075	160	9,6	1.033	70	4,2
1.074	158	9,5	1.032	68	4,1
1.073	156	9,4	1.031	66	4,»
1.072	154	9,2	1.030	63	3,8
1.071	152	9,1	1.029	61	3,7
1.070	150	9,»	1.028	59	3,5
1.069	148	8,9	1.027	57	3,4
1.068	146	8,8	1.026	55	3,3
1.067	144	8,6	1.025	53	3,2
1.066	142	8,5	1.024	45	2,7
1.065	140	8,4	1.020	42	2,5
1.064	138	8,3	1.015	31	1,9
1.063	136	8,2	1.014	29	1,7
1.062	134	8,»	1.010	21	1,3
1.061	131	7,9	1.007	15	0,9
1.060	129	7,7	1.005	10	0,6
1.059	127	7,6			

Les dosages doivent être faits à une température de 15° environ. Un trop grand écart de cette température entraînerait une lecture erronée sur le densimètre.

destinés à la bouteille, trois soutirages sont nécessaires, le dernier ayant lieu entre 1.015 et 1.012.

On admet généralement que les pommes de troisième saison donnent un cidre de meilleure qualité et de conservation plus facile que celui obtenu avec les deux autres. Néanmoins il est recommandable de planter des première et deuxième saisons pour être certain de récolter et pour pouvoir faire du cidre de bonne heure, ce qui est indispensable après une mauvaise année.

Poires. — Pour les poires on admet quatre époques de maturation :

La 1re s'arrête au 15 septembre.
La 2e — 30 septembre.
La 3e — 15 octobre.
La 4e s'étend de la fin d'octobre jusqu'en décembre.

Importance du choix des bonnes variétés. (*La variété domine le cru.*) — Les pommes à cidre comptent un nombre considérable de variétés, mais la liste de celles qui ont un mérite réel est très restreinte.

Seuls les fruits d'élite devraient trouver place dans nos vergers. Malheureusement il n'en est rien : on plante ou, pour mieux dire, on greffe un peu à l'aveuglette en s'en remettant au hasard pour la réussite. Si vous objectez que la culture du pommier est une œuvre de longue haleine, qui, par suite, nécessite de grands soins, beaucoup d'agriculteurs vous répondront : « *A quoi bon se donner du mal : sur nos terres le cru est mauvais !* » Et d'autres : « *Inutile que je me tracasse ; mon cru est excellent.* »

A ceux-là, avec Hauchecorne, nous répondrons : « Vous avez tort, car *la variété domine le cru.* »

Et d'abord, que faut-il entendre par « cru »?

Ce n'est autre chose que le résultat d'un ensemble de propriétés spéciales, de goût propre imprimé au cidre par des causes particulières et assez complexes.

Le cru est en réalité sous la dépendance de deux agents : *la nature et l'homme.*

Il faut reconnaître que la *nature* joue un rôle très important. Elle agit par :

1° Le climat;

2° Les qualités physiques et chimiques du sol, ainsi que son exposition ;

3° Les levures acclimatées depuis longtemps dans une région et jouissant par suite d'une vitalité particulière leur permettant de lutter avantageusement contre les mauvais ferments.

Mais l'*action de l'homme* sur le cru n'est pas à nier et l'exemple des Allemands arrivant à imiter parfaitement nos bons cidres français suffirait pour nous en convaincre.

L'homme modifie le cru en effectuant au moment du brassage un mélange judicieux, nous allions dire scientifiqué, des variétés dont il dispose.

Il agit encore sur lui par l'apport, sur ses terres, d'engrais chimiques appropriés qui, comme nous le verrons plus loin, modifient la qualité des fruits.

Il intervient également, au moment de la fermentation, par l'emploi des levures sélectionnées provenant des pays les plus réputés, levures qui seront placées dans les conditions physiologiques assurant leur prédominance sur les levures banales.

L'homme agit enfin et surtout sur le cru par un choix raisonné des variétés qu'il propage. Il exigera d'elles, en plus des qualités requises pour obtenir du bon cidre, une adaptation parfaite au climat et au sol où elles devront vivre.

Il ne faut pas en effet se dissimuler que les différentes variétés de pommes recommandées ne sont pas toutes susceptibles de prospérer partout. C'est pour avoir méconnu cette vérité que les Américains subirent un échec complet en employant des greffons d'élite venus de Normandie.

Sélectionnons donc nos bonnes variétés régionales ou locales, introduisons dans nos vergers des variétés étrangères ayant fait leurs preuves, mais parfaitement adaptées aux conditions nouvelles d'existence qui leur seront faites. Nous ne tarderons pas alors à vérifier l'axiome de Hauchecorne : « La variété domine le cru ».

La culture du poirier est à conseiller dans toutes les régions cidrières. — Dans presque tous les traités de pomologie, on a beaucoup négligé de parler des poires pour ne s'occuper que des pommes. Et cependant le poirier présente

de nombreux avantages sur le pommier : il vit très vieux et
atteint facilement le double de l'âge de ce dernier (fig. 5); il
vient très bien dans tous les sols, qu'ils soient légers, peu
fertiles ou compacts; il s'accommode même bien des terrains
humides sur lesquels la culture du pommier est impossible.

Un poirier produit annuellement environ trois fois plus
qu'un pommier; ses fruits donnent un jus très abondant et s'extrayant très facilement. La boisson qui en dérive permet souvent d'imiter les meilleurs vins blancs

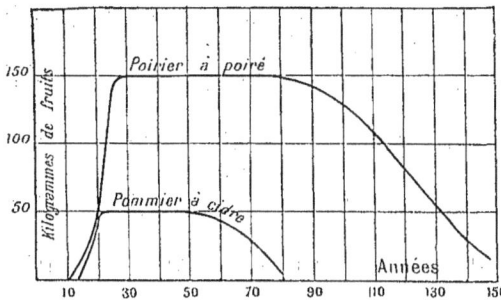

Fig. 5. — Production moyenne comparée du pommier
et du poirier suivant l'âge de l'arbre.

et, dans tous
les cas, elle fournit par distillation une eau-de-vie d'une finesse
incomparable. Le moût provenant des poires peut encore
rendre de très grands services quand il s'agit de clarifier des
cidres lents à s'éclaircir.

Les fleurs du poirier ne redoutent que fort peu les gelées
printanières et, de ce fait, il est très propre à constituer des
rideaux protecteurs dans les vergers, surtout si on réserve pour
cet usage la variété *Roulain*.

Ajoutons que le bois du poirier est très recherché par les
ébénistes des campagnes.

Quelles variétés faut-il cultiver ? — Il y a diverses conditions à s'imposer dans le choix des variétés à cultiver. Nous
allons les passer en revue.

On ne doit pas s'en tenir à une seule *saveur*, car, à de rares
exceptions près, l'expérience apprend qu'un bon cidre ne peut
être obtenu qu'avec un mélange judicieux de fruits.

Il ne faut pas non plus se contenter d'une seule *saison* de floraison ou de maturité, car, dans ce cas, les risques de mauvaise récolte seraient trop grands.

Seules les meilleures variétés sont à propager. Mais que faut-il entendre par meilleures variétés?

Comme nous l'avons dit plus haut, cela dépend du but final qu'on se propose d'atteindre. Aussi convient-il de procéder méthodiquement, en se demandant quels sont les éléments ou facteurs qui entrent dans la détermination de la valeur intrinsèque d'une variété déterminée.

A cela nous répondrons, avec M. Truelle, que c'est la résultante de deux forces, *arbre* et *fruit*, dont les composants sont :

Pour l'arbre : sa fertilité, sa vigueur, sa rusticité, son adaptation au sol sur lequel il végète et à la culture pratiquée sous son couvert.

Pour le fruit : sa composition chimique, sa saveur, son goût propre et son parfum, son rendement en jus, la facilité d'extraction et la coloration de ce dernier.

1° *Arbres :* Toute variété méritante doit être *fertile.* Pour mériter ce qualificatif, il faut qu'elle produise au moins un hectolitre et demi de fruits, en moyenne, par an. Partant de cette donnée, il sera très facile de dire : telle variété est fertile, telle autre très fertile, telle autre enfin remarquablement fertile.

L'arbre doit être assez *vigoureux* pour nourrir sa récolte, mais s'il « s'emportait en bois », l'expérience nous apprend qu'il ne produirait plus de fruits. On se trouve dans de bonnes limites quand sa tête mesure un diamètre de 7 à 10 mètres.

La *rusticité* comporte la résistance des pommiers ou poiriers aux influences atmosphériques, aux attaques des insectes, à l'envahissement de chancre et des divers parasites. C'est ce que, dans les campagnes, on est convenu d'appeler un « arbre chanceux ».

Chaque variété doit être parfaitement adaptée à la *nature physique et chimique du sol* sur lequel elle vit. En effet, s'il est vrai que le plus grand nombre des variétés de fruits de pressoir peuvent végéter sur presque tous les sols à condition qu'ils ne soient pas trop humides, il n'en est pas moins vrai qu'elles donneront des produits très variables en qualité et en quantité suivant les terrains sur lesquels on les aura placées.

Le pommier aime les terres saines des *plateaux argileux*. Certaines variétés, comme : Doux-Geslin ou Reine-des-pommes, Argile, Amer-Doux, Bramtôt, Martin-Fessart, ne donnent de bons produits que dans ces terrains.

Dans les *sables* et les *terres rocailleuses*, les résultats sont le plus souvent très précaires; cependant on y rencontre : Bédange, Chérubine, quelques Fréquins, Petit-Doux.

Quelques variétés s'accommodent de tous les sols comme : Dousauvais.

D'autres exigent un abri pour donner une belle récolte, telles: Blanc-Mollet et Doux-Évêque.

Les pommiers, surtout en ce qui concerne leur forme, doivent être adaptés au mode de culture auquel ils seront associés.

A ce point de vue, il y a lieu de considérer la direction des branches charpentières. Elles peuvent être :

Horizontales ou en forme de *parapluie* (pl. VII et XVII) ;

Obliques ou plus ou moins *redressées* (pl. III et XV);

Verticales, c'est-à-dire très *fortement redressées* (pl. IX et XI).

Dans les champs en culture, il faudra donner la préférence aux variétés à branches redressées et cela pour ne pas gêner le passage des instruments agricoles, surtout de ceux servant à la récolte. De plus, la forme imprimée de ce fait à la tête de l'arbre permettra un éclairement plus normal de la récolte poussant sous son couvert. Quand il s'agira d'un pâturage, il en sera de même pour éviter « l'empommage » des animaux, accident toujours très grave.

Voilà pour la valeur de l'arbre.

2° *Fruits*. — En ce qui concerne le fruit, sa *composition chimique* doit correspondre au but que l'on se propose d'atteindre en le brassant.

La teneur d'une pomme en principes chimiques par litre de moût peut varier de la façon suivante :

Sucre total fermentescible, de 85 grammes à 230.

Tannin. . . . . 1 — 10.

Matières pectiques. . . . . 1 — 15.

Acidité. . . . . 0,5 — 8.

Elle doit en outre, suivant les cas, présenter une *saveur* spéciale (douce, amère, acide) et dégager un parfum plus ou moins

suave. Son *rendement en jus* ne sera jamais inférieur à 550 centimètres cubes par kilogramme de pulpe, son extraction sera
facile. On exigera autant que possible une belle coloration de
ce jus, surtout lorsqu'il s'agira de flatter l'œil du consommateur.

Si on s'attache à cultiver de bonnes variétés, c'est assuré-
ment pour faire du bon cidre et du bon poiré. Pour appliquer
les principes qui précèdent, nous devons donc nous poser la
question suivante :

Qu'entend-on par bon cidre et bon poiré? — La solu-
tion de cette question est complexe, car il faut plaire à des
consommateurs dont les exigences sont parfois diamétralement
opposées.

Le bourgeois veut une boisson fine, délicate, très parfumée,
exempte d'amertume, d'une digestion facile et par suite peu
alcoolique et peu chargée en tannin. Le campagnard, l'ouvrier
des champs demandent au contraire un cidre nourrissant,
alcoolique, riche en tannin, légèrement amer.

Ces différences de goût s'expliquent facilement. L'habitant
des villes se nourrit copieusement et une boisson rafraîchis-
sante suffit à ses besoins. Le rural, au contraire, demande au
cidre un complément d'aliment; aussi dit-il volontiers : « Avec
de bon bère, moins de ché et moins de pain. »

Les deux types de boisson que nous venons de signaler ne
sont pas les seuls. Sans parler des intermédiaires, on peut
encore en signaler deux autres : ce sont les cidres et poirés
destinés à la bouteille et les cidres et poirés destinés à la chaudière.

Ajoutons, pour être complet, qu'il sera quelquefois nécessaire
de flatter le goût des exportateurs de fruits de pressoir et en
particulier celui des Allemands qui recherchent les pommes
aigres.

Le récoltant a donc cinq objectifs à se proposer :

1° Cultiver des variétés donnant un cidre ou un poiré fin et
délicat, et correspondant ainsi à ce que nous appellerons la
boisson bourgeoise.

Les fruits qui entreront dans la fabrication de ces produits
devront correspondre aux caractéristiques suivantes par litre
de moût :

Densité comprise entre 1.057 et 1.064.

Sucre total fermentescible compris entre 125 et 145 grammes.

Tannin toujours inférieur à 3 grammes.

De plus, ces fruits auront une saveur douce-amère et un parfum assez accentué.

2° Cultiver des variétés fournissant un cidre ou un poiré corsé et alcoolique ou *boisson des campagnes*.

Dans ce cas, on exigera que chaque litre de moût accuse une densité supérieure à 1.065 et contienne plus de 143 gr. de sucre total avec plus de 2 gr. de tannin.

Dans cette catégorie on admettra toutes les saveurs à l'exclusion de la saveur acide et on exigera un parfum pénétrant.

3° Cultiver des variétés propres à la préparation des *cidres et poirés mousseux*.

Ici on s'en tiendra aux caractéristiques de la première catégorie en supprimant totalement l'amertume.

4° Cultiver des variétés destinées à fournir des *cidres et poirés pour la chaudière*.

Dans cette catégorie on fera surtout entrer les fruits à très haute densité (1.070 au minimum) et d'une teneur en sucre total d'au moins 155 gr. par litre de moût. Ici le parfum important très peu, il ne sera pas à rechercher.

5° Cultiver, le cas échéant, des variétés correspondant au goût des exportateurs. Or, les Allemands, qui sont nos plus gros clients, exigent des pommes aigres qui tendent de plus en plus à disparaître de nos vergers. La plus estimée chez nos voisins est la *Rouge-de-Trèves* que nous aurons l'occasion d'étudier plus loin.

Établissement d'une cote pour apprécier les fruits de pressoir, en vue de leur vente ou de leur reproduction. — Nous venons de voir ce qu'il faut entendre par « bonne variété ». Malheureusement, dans les transactions commerciales ou au moment du greffage, on ne tient pas grand compte des règles formulées.

Il nous semble qu'une cote d'appréciation uniformément admise par les pomologues rendrait de grands services aux vendeurs, aux acheteurs et aux planteurs.

On vend généralement les fruits de pressoir au *poids brut*, au *volume* ou à la *parité*.

L'acheteur au poids brut paie le même prix les bons et les mauvais fruits. De plus, cette façon de procéder incite le vendeur à la fraude. En effet, tout le monde sait que les pommes soigneusement récoltées et mises en tas sous un abri sont de meilleure qualité que les fruits négligés, laissés sous les arbres et exposés à la pluie. Eh bien! chose bizarre, quand on y réfléchit, on voit que ces derniers rapportent davantage à leur vendeur: ils sont plus lourds! Il n'est même pas rare de voir arroser les fruits en tas pour leur faire gagner du poids. Les ventes faites sur cette base ne sont donc pas rationnelles.

Dans beaucoup d'endroits les transactions se font encore au volume : à la *barattée* (5o litres), à la *razière* (5o à 6o litres), au *boisseau* (3o à 25 litres), à la *pipe* (3oo kg. ou litres environ).

Le manque d'uniformité dans les mesures adoptées constitue déjà un grave inconvénient. Mais, chose plus grave encore, le vendeur a tout intérêt à livrer surtout des grosses pommes qui assureront entre elles le maximum de vides, de « cages », comme on dit vulgairement. Or, les gros fruits sont surtout riches en eau. Donc, pas plus que la vente au poids, la vente au volume n'est rationnelle.

Beaucoup d'acquéreurs, soit qu'ils achètent au poids, soit qu'ils achètent au volume, attachent une très grande importance à la *parité*. A ceux-là nous dirons volontiers: N'oubliez pas que « souvent le pavillon couvre la marchandise ».

Par *parité*, les uns entendent le lieu d'origine des fruits livrés; pour d'autres, au contraire, ce mot indique seulement le lieu d'expédition.

Ces deux définitions peuvent amener de sérieux mécomptes. Quand on achète d'après la provenance, on ne considère comme réellement bons que les anciens crus à réputation depuis longtemps assise. On ignore trop que le nombre des bons crus a augmenté depuis plusieurs années, tandis que tels autres ne vivent plus que sur leur réputation. Les agriculteurs qui marchent avec le progrès se découragent, car ils ont beau perfectionner leur culture, ils voient que leurs voisins, en suivant les vieux errements, retirent de leurs produits plus de bénéfices qu'eux. Tant il est vrai que l'axiome posé par Hauchecorne, « la variété domine le cru », n'a pas encore acquis droit de cité dans le monde des marchands.

Si on entend par *parité* le lieu d'expédition des fruits, on ouvre toute grande la porte aux fraudeurs. Ceux-ci pratiquent l'opération des marchands de vins peu consciencieux du Midi qui expédient leurs produits de Bordeaux.

Pour les différentes raisons que nous venons d'indiquer, il faudrait que les achats se fissent d'une façon rationnelle et qu'ils fussent basés sur la valeur réelle des fruits.

A notre avis, il serait assez facile d'établir une cote et d'apprécier d'après cela les fruits du pressoir comme on le fait pour les bestiaux par la *méthode des points*.

Supposons que la somme des cotes donne 22 points ainsi répartis :

a) *Valeur chimique.* . . . . . 12 points.
b) *Valeur physique* . . . . . 8 —
c) *Valeur organoleptique* (1). . 2 —
                        Total. . . 22 points.

On aurait le tableau détaillé suivant :

a) *Valeur chimique* (12 points) :

Sucre. . . . . 10 points.
Tannin . . . . 1 point 1/2.
Acidité . . . . 1/2 —

b) *Valeur physique* (8 points) :

Rendement en jus . . . . 6 points.
Bonne coloration. . . . . 1 —
Facilité d'extraction . . . 1 —

c) *Valeur organoleptique* (2 points) :

Parfum . . . . 1 point.
Saveur et goût propre . . 1 —

Plus on se rapprochera de la cote 22, plus on devra être disposé à payer un prix de faveur pour le lot apprécié, et plus on s'en éloignera plus ce prix devra être abaissé.

(1) *Valeur organoleptique* : qui est en rapport avec la première impression causée, tels l'aspect extérieur, le toucher, l'odeur, etc.

Rappelons que la prise d'un échantillon dans un tas de pommes présente des difficultés du même ordre que la prise d'un échantillon de terre. Pour bien faire, on prélèvera des fruits en divers endroits du tas ; on les mélangera et on en prendra 1 kilogramme composé de 1/3 de gros fruits, 1/3 de moyens, 1/3 de petits.

La cote que nous venons d'établir n'a qu'un seul objectif : les transactions commerciales. Quand il s'agira de rechercher les meilleures variétés à greffer, il faudra la compléter en faisant intervenir la valeur propre de l'arbre, c'est-à-dire que parmi les pommes bien cotées au point de vue de leur qualité, on choisira celles dont les arbres seront les plus fertiles, les plus vigoureux, les plus rustiques, les mieux adaptés au sol et au genre de culture que l'on pratique, ainsi qu'au but final qu'on se propose d'atteindre.

III. — ÉLEVAGE DU POMMIER A CIDRE
LA PÉPINIÈRE

Raisons qui militent en faveur de l'établissement d'une pépinière dans chaque ferme. — Quand il veut remplacer ses vieux arbres devenus improductifs ou bien effectuer une plantation nouvelle, l'agriculteur s'adresse le plus souvent à un horticulteur de la région ou simplement à un inconnu de passage sur le marché voisin, et là, il achète les jeunes sujets dont il a besoin.

Ces deux manières de faire présentent de sérieux et multiples inconvénients :

D'abord la somme à débourser pour l'acquisition des plants est assez considérable. En second lieu, les arbres ne provenant pas du même sol que celui sur lequel ils vont être appelés à vivre souffriront beaucoup. De plus, ils ne seront pas habitués aux influences atmosphériques nouvelles qu'ils auront à subir. Enfin, et c'est là le point le plus grave, l'acheteur risque très souvent d'être trompé sur la qualité de la marchandise qu'on lui offre.

D'autre part, nous aurons l'occasion de dire plus loin que pour bien réussir les greffes, il faut que le sujet et le greffon présentent la concordance la plus parfaite relativement à leurs époques de pousse, de floraison, de fructification et de dureté de leurs bois. Comment atteindre ce résultat si on n'a pu surveiller soi-même les jeunes sujets à greffer et noter ces diverses choses ? Cela ne peut se faire que dans la pépinière.

Nous verrons aussi qu'il faut donner à l'arbre, au moment

de sa mise en place, l'orientation qu'il avait dans la pépinière. Comment arriver facilement et à coup sûr à cela si on n'a pas élevé soi-même les arbres et marqué leur orientation !

Pour toutes ces raisons, il est donc du plus haut intérêt pour le planteur de pommiers, même le plus modeste, d'avoir une pépinière sur ses terres.

L'étendue de cette dernière sera calculée en se basant sur les besoins de l'exploitation. Mais nous conseillerons toujours aux agriculteurs de donner une assez grande extension à leurs pépinières, car les bénéfices qu'ils pourront retirer de la vente à leurs voisins les paieront largement de leurs peines.

Peuplement de la pépinière. — *Choix du terrain.* — La première condition à exiger d'une pépinière, c'est d'être à proximité de la ferme pour que la plantation soit toujours sous l'œil du maître ; car si on a pu dire que « l'œil de la fermière engraisse le veau », on peut dire que « l'œil du fermier assure la venue de beaux plants ».

Le terrain choisi sera abrité des grands vents qui, tourmentant les jeunes tiges, leur feraient prendre une forme défectueuse.

Au point de vue de la nature du sol, deux théories sont en présence :

Pour les uns, les mauvais sols doivent être préférés, car disent-ils, replanté ensuite dans de bonnes terres, l'arbre qui aura souffert dans son jeune âge acquerra une vigueur toute spéciale. Pour les autres, au contraire, on choisira une bonne terre : un angle de champ en labour, un coin de jardin fertile. Nous partageons l'avis de ces derniers.

Le terrain choisi sera convenablement défoncé et recevra une copieuse fumure d'engrais organiques (fumier de ferme bien décomposé, boues de ville bien consommées, déchets de chiffons de laine, corne, etc.) complétée par des engrais chimiques (scories et sels de potasse).

Une pépinière complète, bien comprise, doit comprendre trois parties d'inégales dimensions :

1° Un petit carré réservé aux *semis* ;

2° Une surface plus grande servant aux *repiquages* ;

3° Une surface beaucoup plus grande encore ou *pépinière proprement dite.*

Aux petits fermiers nous ne conseillons pas de faire des semis ni de se livrer au premier élevage des jeunes plants. Ces deux opérations sont, en effet, d'une réussite incertaine ; de plus, elles nécessitent des soins nombreux que les multiples occupations des petits agriculteurs ne permettent pas de leur donner.

Cependant, dans certains cas et surtout dans les très grandes fermes où le directeur de l'exploitation débarrassé du travail matériel peut envisager et diriger l'ensemble des cultures, il y a tout avantage à suivre la filière que nous venons d'indiquer.

Les *semis* s'effectuent en mars, dès les premiers beaux jours, lorsque le sol est bien ressuyé. On le fait à la volée sur une terre bien préparée et fortement fumée avec du fumier bien consommé.

Les uns se contentent de semer simplement le marc des pommes à leur sortie du pressoir et de l'enfouir par un léger labour à la houe ; mais ce marc, plus ou moins bien conservé, ne donne généralement que de très médiocres résultats.

Il vaut mieux extraire les pépins du marc en lavant ce dernier à grande eau et en faisant sécher les graines qu'on en retire. Ces graines seront ensuite conservées, soit au grenier, soit dans des pots, jusqu'au moment du semis.

Quand les jeunes plants provenant du semis auront deux feuilles, on les sarclera et on les éclaircira de façon à laisser 0 m. 10 entre chaque sujet.

Si la saison a été favorable, les petits pommiers pourront être arrachés aussitôt après la chute des feuilles. Un tri consciencieux permettra d'en trouver un assez grand nombre mesurant 1 m. de longueur et de 8 à 12 millimètres au collet de la racine. Ceux-là seront réservés pour la pépinière proprement dite. Quant aux autres ils seront repiqués, jusqu'à ce qu'ils aient atteint les dimensions que nous venons d'indiquer.

En somme, qu'il achète ses jeunes plants ou qu'il les produise lui-même, l'agriculteur ne doit mettre en place dans sa pépinière proprement dite que des plants de premier choix.

Pour cela, après avoir procédé à l'habillage qui consiste à couper la jeune tige à 0 m. 20 de longueur et à réduire le pivot de 0 m. 13 de sa longueur, on creusera des jauges dirigées de l'est à l'ouest. Ces jauges, situées à 0 m. 70 l'une de l'autre,

recevront les plants que l'on disposera en quinconce tous les
o m. 70 et de façon que leur collet soit placé à o m. o5 au-
dessous de la surface du sol.

A partir de ce moment, on veillera à ce que le sol de la pépinière soit exempt de mauvaises herbes et conserve sa fraîcheur.
Pour cela on le recouvrira d'un épais paillis consistant, suivant
les ressources du pays, en feuilles, fougères ou chiffons.

Greffage. — On sait que les arbres fruitiers issus de semis
donnent presque toujours des
fruits de très mauvaise qualité.
Pour corriger ce défaut, il faut
recourir au greffage. De plus,

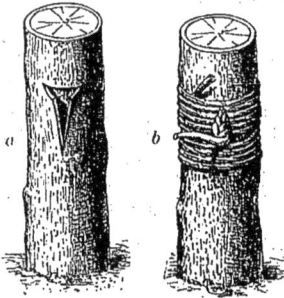

Fig. 6. — Greffe en écusson.
a, préparation du sujet ;
b, greffe terminée.

Fig. 7. — Préparation de l'écusson.
m, p, n, partie de la tige à détacher ;
b, bourgeon.

si les sujets élevés en pépinière étaient abandonnés à eux-
mêmes, les ramifications latérales empêcheraient la tige principale de se former. Il faut donc se préoccuper de bonne heure
de la *formation des tiges*.

Le greffage des jeunes sujets est une opération excessivement
importante, puisque de sa réussite dépendent les bénéfices
qu'est en droit d'attendre le cultivateur. Aussi ce dernier doit-
il s'entourer de toutes les données scientifiques qui assureront
le résultat final.

Les pépiniéristes de profession procèdent ordinairement sur
leurs plants de pommiers à deux greffages consécutifs ; le
premier, pratiqué au ras du sol, leur fournit une tige sur
laquelle, à une hauteur variable, ils pratiquent un *surgreffage*
avec la variété à reproduire.

Pour cela, dès le premier automne de la plantation, ils
greffent en écusson à œil dormant chacun des jeunes sujets

repiqués en pépinière (fig. 6 et 7). L'écusson doit être placé à 6 ou 10 cm. du sol et autant que possible au midi. Ils s'adressent à un intermédiaire à végétation vigoureuse, qui en peu de temps leur donnera une tige bien saine et bien droite. Cet intermédiaire devra présenter une corrélation aussi étroite que possible :

1° Entre le départ de la végétation du sujet sur lequel il va vivre et celui du greffon qu'il recevra en tête;

2° Entre les propriétés physiques des bois, et notamment leur dureté.

Les intermédiaires les plus généralement employés sont : Noire-de-Vitry, Fréquin-de-Chartres, Généreuse-de-Vitry, Rouge-Bruyère, Egrain-de-Picardie, Doucet.

La *Noire-de-Vitry* est un excellent intermédiaire pour toutes les variétés à bois dur ; elle permet d'obtenir en deux ans une tige droite et saine. Elle entre en végétation dans la deuxième saison et donne surtout des résultats remarquables dans les sols argileux compacts.

Le *Fréquin-de-Chartres*, un peu plus vigoureux que la Noire-de-Vitry, appartient comme elle à la deuxième saison et possède un bois demi-dur. Il semble donner ses meilleurs résultats dans les sols légers. Il est très employé dans la Mayenne et la Loire-Inférieure.

La *Généreuse-de-Vitry* ne convient bien que pour les espèces à bois tendre et encore faut-il qu'elle pousse sur un terrain léger et à l'abri des vents.

La *Rouge-Bruyère* est un excellent porte-greffe, très vigoureux, à bois tendre, à floraison moyenne et convenant à tous les sols.

L'*Egrain-de-Picardie* réussit à peu près sur tous les terrains, qu'ils soient légers ou marécageux. Il redoute assez les sols riches. Il a un bois tendre et une végétation très hâtive.

Le *Doucet* est un excellent intermédiaire sain, rustique, à bois demi-dur et à végétation tardive.

Si l'agriculteur ne veut ou ne peut suivre l'exemple des pépiniéristes, nous lui conseillerons de procéder d'une façon plus simple en pratiquant un seul greffage en tête.

A cet effet, au bout de deux ans de pépinière, on rabat les jeunes sujets à 0 m. 10 ou 0 m. 15 au-dessus du sol. De nom-

breux rejets se forment. Quand ils ont acquis une longueur rai-
sonnable, on en choisit un qu'on palisse sur l'onglet après
avoir coupé tous les autres à ras le tronc. On laisse les choses

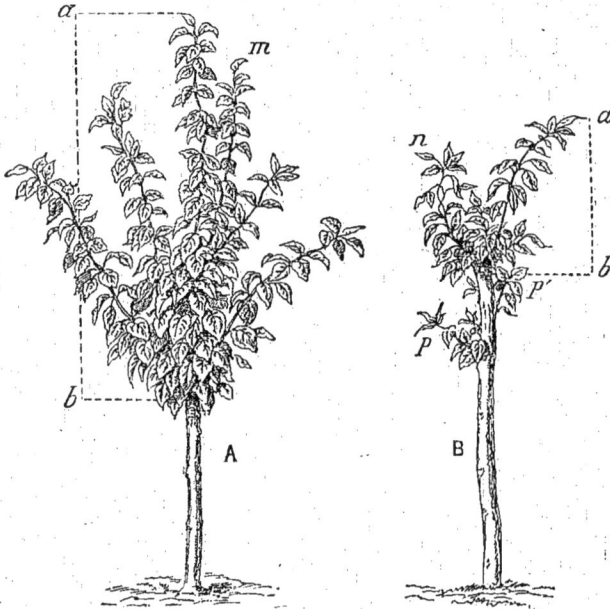

Fig. 8. — Concordance (A) et discordance (B) des sèves.
(Les deux sujets ont été greffés le même jour.)

A. — La longueur *ab* du greffon *m* est de 65 centimètres environ ; ses
branches sont nombreuses et vigoureuses, ses feuilles larges, grasses et très
vertes. Le sujet ne possède aucune branche de remplacement.

B. — La longueur *ab* du greffon *n* est de 20 centimètres environ ; ses
branches sont au nombre de deux ; elles sont chétives et leurs feuilles sont
petites et brunâtres, comme celles de tout pommier dont la végétation laisse
à désirer. Le sujet présente des pousses *p* et *p'* vertes et tendres provenant
de la sève d'août qui fonctionne depuis quelques semaines ; le greffon, ayant
terminé sa pousse de printemps, est au repos, le second mouvement de la
sève n'étant pas encore apparu chez lui.

en état pendant deux ou trois ans et on obtient ainsi des sujets
d'une hauteur moyenne de 2 mètres.

Ces sujets sont taillés à 1 m. 80 au-dessus du sol et on
coupe, au niveau de la tige principale, tous les bourgeons laté-

raux en ayant soin cependant d'en conserver 2 ou 3 tous les 20 ou 25 centimètres. Ces bourgeons sont ensuite pincés. Enfin, on coupe progressivement ras le tronc tous ces derniers rameaux, à l'exception de trois ou quatre voisins du sommet. Ils seront chargés de donner la tête provisoire de l'arbre.

Les opérations très simples que nous venons d'indiquer suffisent à assurer la *formation d'une tige parfaite*.

Il faut maintenant s'occuper du greffage en tête.

Le plus souvent, l'agriculteur attend, pour pratiquer cette opération, que les jeunes sujets soient repiqués en demeure sur ses champs. Cette pratique a de chaleureux défenseurs. Pour notre compte, nous voudrions voir le greffage s'effectuer dans la pépinière de la ferme. Il y aurait reprise plus facile, économie de temps et possibilité de lutte contre les oiseaux.

Jusqu'à ces dernières années le greffage n'était soumis qu'à des règles empiriques.

Les recherches de M. Daniel, professeur à la Faculté des sciences de Rennes, et celles de M. Leroux, professeur spécial d'agriculture, nous permettent maintenant de donner les règles précises à suivre quand on pratique cette opération.

Des travaux de M. Daniel il résulte qu'il faut surveiller avec soin les sujets à greffer et les arbres sur lesquels on prendra les greffons, noter avec beaucoup d'exactitude les époques des pousses printanières et estivales des deux saisons, c'est-à-dire la concordance des sèves (fig. 8), enfin déterminer leur vigueur relative.

Cela fait, il conviendra de prendre les greffons sur des arbres parfaitement sains dont les pousses et la vigueur présenteront une analogie aussi parfaite que possible avec celle des sujets de la pépinière qui doivent les recevoir.

Des études de M. Leroux on doit conclure que :

1º On peut toujours greffer avec succès un bois tendre sur un bois tendre et un bois dur sur un bois dur ;

2º On ne réussit que très rarement lorsqu'on greffe un bois tendre sur un bois dur ;

3º On ne réussit jamais quand on greffe un bois dur sur un bois tendre.

Il est indispensable de se rendre compte par soi-même de la dureté des bois des porte-greffe et des greffons. Voici le procédé pratique préconisé par M. Eugène Leroux :

On prend un rameau d'un an *mn* (fig. 9, A) entre le pouce et
l'index en *m*. Ce rameau doit avoir de 25 à 30 centimètres. On
s'empare de *n* avec la main droite et on recourbe le rameau de
façon à lui faire occuper successivement les positions B à H.
Cette opération se fait doucement. Si la cassure *ii'* (*a*) se produit

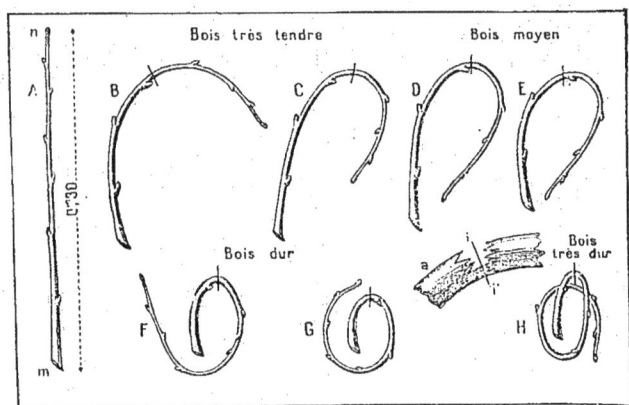

Fig. 9. — Détermination de la dureté des bois. (Le mot *dur* est
ici synonyme de *résistant à la cassure*.)

quand le rameau *mn* a la courbure représentée en B et C, le
bois est dit *très tendre*. Si elle se produit pour la courbure représentée en D et E, le bois est dit *moyen*. Si elle se produit
pour les courbures F et G, il est *dur*. La cassure correspondant à la courbure représentée en H concerne un bois *très dur*.

De la pratique du greffage qui s'effectue en tête en fente
simple nous ne dirons rien : elle est parfaitement connue de
nos lecteurs. Cependant il est quelques points sur lesquels
nous voulons insister. Et d'abord, à quelle hauteur faut-il
greffer ?

L'étêtage du sujet est fait depuis 1 m. 50 de hauteur dans les
vergers exposés aux vents jusqu'à 2 m. dans les herbages et
même 2 m. 50 dans les terres de labour.

Si le sujet ne présente pas la hauteur voulue, on élève la
tête de l'arbre par un élagage ultérieur du greffon.

Il convient de remarquer que les arbres dont la tête est peu élevée sont plus productifs.

C'est de fin mars à la première quinzaine d'avril qu'il convient d'effectuer le greffage, qui se pratique en fente (fig. 10) ou en couronne (fig. 11).

Dans la greffe en fente, on place deux greffons diamétralement opposés sur la fente ; on double ainsi les chances de réussite. Mais dans beaucoup de régions persiste la mauvaise habitude de conserver les deux pousses ainsi obtenues.

Fig. 10. — Greffe en fente.

1. Préparation du greffon (*b, c, d*, bourgeons).
2. Préparation du sujet.
3. Greffe terminée (*b, c, d*, bourgeons).
4. Greffe à fente double.

De ce fait la tête de l'arbre se forme très mal, la soudure des deux greffons ne s'effectuant jamais d'une façon parfaite. Il en résulte dans

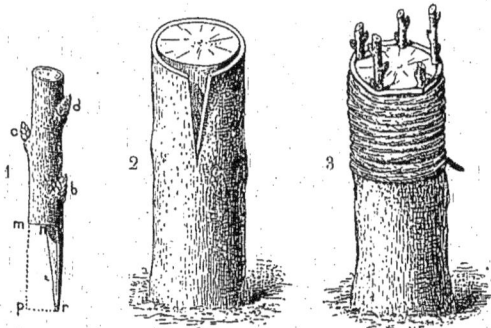

Fig. 11. — Greffe en couronne.

1. Préparation du greffon.
2. Préparation du sujet.
3. Greffe en couronne terminée.

la suite des décollements et par suite des fissures quelquefois très profondes qui seront une porte ouverte aux moisissures, aux chancres et à tous les germes de maladie. Il convient donc, dès que la reprise est parfaitement assurée, de conserver seulement le greffon le plus vigoureux.

On n'apporte pas en général tous les soins nécessaires dans le choix des arbres qui fournissent les greffons. En dehors des conditions énumérées plus haut et basées sur les travaux de MM. Daniel et Leroux, il convient de s'adresser à des sujets d'âge moyen, exempts de maladies cryptogamiques et parfaitement résistants aux attaques des insectes, surtout à celles du *puceron lanigère*.

On ne prendra que des rameaux d'un an et, si on le peut, on prélèvera seulement la partie moyenne possédant des yeux normaux bien constitués.

Il sera toujours bon de recouvrir les greffes d'un bon engluement. L'onguent de saint-Fiacre composé de deux tiers de terre glaise pour un tiers de bouse de vache donne souvent de bons résultats.

On peut utiliser aussi avantageusement les mastics du commerce qui s'emploient à froid, comme celui de Lhomme-Lefert, qui est excellent mais coûteux.

Les deux formules suivantes, qui nous ont toujours donné d'excellents résultats, permettent de fabriquer soi-même un engluement irréprochable et pouvant s'employer à froid.

1re Formule :

Résine du commerce	500 gr.
Alcool à 90°	180

On fait fondre la résine sur un feu doux, puis on laisse refroidir. L'alcool est alors ajouté en remuant.

Cette préparation liquide à froid doit être conservée dans un flacon bien bouché. Si elle vient à durcir, il suffit de l'additionner d'un peu d'alcool.

2° Formule :

Poix noire	1000 gr.
Poix blanche	1000
Cire	40
Alcool à brûler	150
Essence de térébenthine	100
Blanc d'Espagne	500

Il convient de ne jamais exagérer la dose d'essence de térébenthine et de s'en tenir strictement à celle que nous indiquons.

Pour préparer le mélange, on fait fondre à feu doux la poix et la cire tout en remuant avec une baguette. On retire du feu et on laisse refroidir un peu. Puis on verse l'alcool et l'essence de térébenthine mélangés en agitant la poix et la cire fondues. On ajoute au tout le blanc en poudre très fine, ce qui donne au mastic la consistance voulue.

Ce mastic, exempt de mordant, s'emploie à froid et se conserve parfaitement.

IV. — PLANTATION A DEMEURE DES ARBRES A FRUITS DE PRESSOIR. — SOINS ULTÉRIEURS A LEUR DONNER

Législation régissant les plantations. — Beaucoup d'agriculteurs ignorent ou connaissent mal la législation qui régit les plantations d'arbres. De cette ignorance naissent une foule d'ennuis et souvent même de procès qu'il serait facile d'éviter.

Plantations à la limite ou près de la limite de propriétés limitrophes. — Le Code civil les réglemente de la façon suivante :

ART. 670 (*modifié par la loi du 20 août 1881.*) — Les arbres qui se trouvent dans les haies mitoyennes sont mitoyens comme les haies. Les arbres plantés sur la limite séparative de deux héritages sont aussi réputés mitoyens. Lorsqu'ils meurent ou lorsqu'ils sont coupés ou arrachés, ces arbres sont partagés par moitié. Les fruits sont recueillis à frais communs et partagés aussi par moitié, soit qu'ils tombent naturellement, soit que la chute en ait été provoquée, soit qu'ils aient été cueillis.

Chaque propriétaire a le droit d'exiger que les arbres mitoyens soient arrachés. (*C. C. 1350.*)

ART. 671 (*modifié par la loi du 20 août 1881.*) — Il n'est permis d'avoir des arbres, arbrisseaux ou arbustes près de la limite de la propriété voisine qu'à la distance prescrite par les règlements particuliers actuellement existants ou par des usages constants et reconnus et, à défaut de règlements et usages, qu'à la distance de 2 m. de la ligne séparative des deux héritages pour les plantations dont la hauteur dépasse 2 m. et à la distance d'un demi-mètre pour les autres plantations.

Art. 672 (*modifié par la loi du 20 août 1881*). — Le voisin peut exiger que les arbres, arbrisseaux et arbustes plantés à une distance moindre que la distance légale soient arrachés ou réduits à la hauteur déterminée dans l'article précédent, à moins qu'il n'y ait libre destination du père de famille ou prescription trentenaire. Si les arbres meurent, s'ils sont coupés ou arrachés, le voisin ne peut les remplacer qu'en observant les distances légales.

Art. 673 (*modifié par la loi du 20 août 1881*). — Celui sur la propriété duquel avancent les branches des arbres du voisin peut contraindre celui-ci à les couper. Les fruits tombés naturellement de ces branches lui appartiennent.

Si ce sont les racines qui avancent sur son héritage, il a le droit de les couper lui-même.

Le droit de couper les racines ou de faire couper les branches est imprescriptible.

Plantations sur routes nationales ou départementales et sur les propriétés riveraines de ces routes. — Il y a lieu de considérer séparément les droits de l'État et ceux des riverains. Un arrêt de la Cour de cassation (16 décembre 1881) dit que les particuliers ne peuvent pas se prévaloir des articles 671 et 672 du Code civil pour exiger que l'État observe à leur égard une distance de 2 m. dans les plantations qu'il fait, ces articles ne visant que les héritages privés. Mais l'Administration recommande à ses agents d'établir autant que possible les plantations à 2 m. de la ligne séparative et à 3 m. des constructions. (*Instruction du 21 avril 1899.*)

Pour ce qui regarde les riverains, les préfets n'exigent généralement d'eux qu'une distance de 2 m. au lieu de 6 comme ils en auraient le droit (*loi du 9 Ventôse An III*). C'est là une simple tolérance.

Chemins vicinaux et ruraux. — La distance légale à observer par les riverains est de 3 m. 50 quand il s'agit d'un chemin rural. Les préfets réduisent presque toujours ces distances à 2 m. Ils exigent par contre entre chaque arbre un espacement de 6 m. pour les chemins vicinaux et 4 m. pour les chemins ruraux.

Chemins de fer. — La réglementation est la même que pour les routes nationales. Ici la limite d'espacement entre chaque arbre est de 6 m. ainsi que celle qui sépare chaque arbre de la ligne. Il faut une autorisation pour planter à une distance inférieure. Cette autorisation est facilement accordée.

Dégâts causés aux arbres. — Le Code pénal réprime de la façon suivante les dégâts causés aux arbres fruitiers :

Art. 445. — Quiconque aura abattu un ou plusieurs arbres qu'il savait appartenir à autrui sera puni d'un emprisonnement qui ne sera pas au-dessous de 6 jours ni au-dessus de 6 mois à raison de chaque arbre sans que la totalité puisse excéder 5 ans.

Art. 446. — Les pénalités seront les mêmes à raison de chaque arbre mutilé et écorcé de manière à le faire périr.

Art. 447. — S'il y a destruction d'une ou plusieurs greffes, l'emprisonnement sera de 6 jours à 2 mois à raison de chaque greffe sans que la pénalité puisse excéder 2 ans.

Art. 448. — Le minimum de la peine sera de 20 jours dans les cas prévus par les art. 445 et 446 et de 10 jours dans le cas prévu par l'art. 447 si les arbres étaient plantés sur des places, routes, chemins, rues ou voies publiques ou vicinales ou de traverse.

Où faut-il planter ? — Avant de planter une pièce de terre, il faudra se livrer à une étude préalable de : 1° son *sol*; 2° son *exposition*.

Le sol. — Dans l'étude du sol on devra considérer : sa profondeur, son humidité et sa nature.

La connaissance de la *profondeur du sol* permettra de faire varier celle des fosses destinées à recevoir les plants.

Quant à l'*humidité*, il convient de ne pas oublier que dans les terrains humides il faut pratiquer des drainages lorsqu'on veut assurer la réussite des pommiers qui, sans cela, y contracteraient la pourriture alcoolique. Si pour une raison quelconque le drainage ne pouvait être effectué, la culture du poirier serait tout indiquée.

La *nature du sol* a une grande action sur la végétation du pommier. C'est elle qui impose aux fruits cette marque particulière qu'on appelle *le cru*. Cependant il ne faut pas oublier qu'on peut toujours, par l'emploi d'engrais appropriés, remédier à la composition défectueuse d'un sol déterminé.

Ceci dit, on admet généralement que les plateaux argileux élevés et éloignés des vents de mer donnent un cidre haut en couleur, généreux et de bonne garde.

Les terres élevées, caillouteuses, exposées au Sud ou au Sud-Est fournissent un cidre délicat, léger et très agréable.

Les terrains légers, pierreux ou sablonneux du voisinage de la mer donnent des cidres assez sapides mais fort maigres, pâles et sujets à devenir aigres.

Les terres humides et les vallées fournissent une boisson lente à s'éclaircir et possédant un goût de terroir désagréable.

Les marnes et les craies donnent au cidre qu'elles produisent un goût médiocre.

Les argiles rouges donnent une boisson exposée à noircir.

L'exposition. — L'étude de l'exposition permettra de placer :

1° *Au Nord*, les variétés qui atteignent les plus hautes dimensions et graduellement vers le Midi celles qui s'élèvent le moins. On créera ainsi un abri naturel : au Nord aussi, on place les variétés les plus rustiques ;

2° *A l'Est*, les variétés à végétation tardive ;

3° *Au Sud*, les variétés délicates.

Dans tous les cas, on placera au sommet des coteaux, sur les plateaux élevés où les vents sont à redouter les variétés rustiques à floraison tardive.

Quelles sont les terres qui doivent être plantées ? — Il y a lieu de considérer :

a) Les plantations dans les terres de labour ;

b) Les plantations en verger ;

c) Les plantations dans les herbages ou pâturages ;

d) Les plantations sur routes.

a) Plantations dans les terres de labour. — Elles devraient être abandonnées ou tout au moins réduites, car elles présentent de sérieux inconvénients : les pommiers, par leur ombre et leurs racines, nuisent aux récoltes qui viennent sous leur couvert. Ils rendent les labours difficiles et, malgré les précautions prises, ils sont souvent endommagés par le soc de la charrue.

L'expérience montre que les arbres plantés sur les terres de labour vivent moins longtemps que ceux plantés sur les terres non retournées.

Pour remédier aux inconvénients que nous venons de signaler, on a proposé deux moyens. Le premier consiste à ne pas labourer sous le couvert des arbres ni entre eux, de sorte que chaque ligne de pommiers déterminerait une bande de terre occupant toute la longueur du champ et qui ne serait pas atteinte par la charrue. Dans cette bande, on cultiverait des légumes et les travaux qu'ils nécessitent seraient faits à la main. Le deuxième consiste à ne planter dans les labours qu'une ligne faisant le tour du champ, en disposant sur cette ligne les arbres à une distance de 9 m. à 10 m. les uns des autres.

b) Vergers. — Les vergers constituent le meilleur mode de plantation des pommiers. Cependant il faut remarquer que dans les vergers où l'herbe est pâturée, les arbres viennent mieux que dans les prés fauchés ; les animaux rendent au sol, sous une forme assimilable, une partie des aliments que les plantes y puisent. Il ne faut pas trop serrer les arbres: 9 m. à 10 m. entre les lignes et 8 m. sur la ligne constituent une bonne distance. Dans les vergers pâturés, il est de toute nécessité de défendre les arbres contre la dent des animaux par de solides corsets.

Sur un hectare de verger on peut placer 100 arbres. Dans les terrains humides et dans les vallées, M. Truelle conseille de cultiver, sur une pareille surface, 80 pommiers et 20 poiriers.

Les 80 pommiers devront comprendre :

  15 arbres de 1re saison de maturation,
  30 — 2e   —
  35 — 3e   —

Quant aux 20 poiriers, ils se répartiront ainsi :

  3 arbres de 1re saison de maturation,
  7 — 2e   —
  10 — 3e   —

Des variétés à choisir nous ne dirons rien ; chacun composera son verger suivant le but final qu'il se propose d'atteindre.

Les variétés de même saison devront être réunies de façon à éviter les difficultés et les pertes de temps occasionnées par la récolte. Celles de 1re saison occuperont l'extrémité du verger ; celles de 2e seront placées au milieu et celles de 3e à l'entrée. Lorsque cela sera nécessaire, on constituera un rideau protecteur en plaçant les poiriers du côté des vents dominants.

Dans les terrains secs, on se dispensera de planter des poiriers pour les réserver pour un autre endroit de la ferme où les pommiers ne viendraient pas ou viendraient mal.

c) *Herbages et pâturages.* — Les plantations dans les herbages et les pâturages présentent les mêmes avantages que les plantations en vergers. Elles comportent les mêmes observations que ces dernières. Cependant, l'espace réservé entre les arbres y sera plus considérable.

d) *Plantations sur les routes et sur les domaines publics* (fig. 12). — L'État ne tire pas un parti suffisant de son domaine. Sur les routes nationales existent de larges accotements qui ne sont pas utilisés comme il conviendrait.

C'est à 300 millions de francs que M. Chagueraud, professeur

Fig. 12. — Récolte de pommiers plantés sur route.

d'arboriculture de la Ville de Paris, évalue la production fruitière que les plantations sur routes pourraient donner en France.

La Prusse et le Grand-Duché de Luxembourg nous ont depuis longtemps devancés sur ce point. Déjà, en 1884, le revenu réalisé par ce genre de plantation s'élevait, pour la Prusse seulement, à 75 millions de francs. Il y a longtemps que ce chiffre est doublé.

En France, dans cette voie tout se borne à quelques timides essais qui, d'ailleurs, ont été couronnés d'un plein succès.

En 1887, M. Marin, conducteur des ponts et chaussées au

Faouët, plantait des pommiers sur quelques hectomètres de la route qui va d'Hennebont à Gourin par Plouay et le Faouët. En 1896, on pouvait déjà vendre pour 50 fr. de pommes.

Depuis 1904, d'autres plantations ont eu lieu d'Hennebont à Auray et sur une portion de la route conduisant de La Guerche de Bretagne à Vitré.

Mais ce n'est pas assez. Nous voudrions voir ces essais se généraliser, car ces plantations, outre le revenu qu'elles procureraient au Trésor, feraient taire les plaintes des riverains de nos routes trop souvent lésés par les racines envahissantes des plantations forestières.

Les difficultés présentées par la vente des produits ne peuvent pas être une objection : la vente se ferait très simplement à l'adjudication suivant le mode adopté pour les coupes de fourrages sur les zones militaires.

Un certain nombre de communes afferment des biens qui leur rapportaient jadis un revenu élevé ; mais de nos jours la rente du sol a subi une sérieuse dépréciation. Il conviendrait d'utiliser ces terrains en y plantant des arbres à fruits de pressoir, arbres qui laisseraient un gros bénéfice, comme nous le montrerons plus loin en parlant du produit en argent d'une pommeraie.

Pour les plantations sur routes on exigera que les branches ne soient pas retombantes. Nous conseillons surtout la culture des variétés suivantes :

Reine-des-Hâtives, Amer-Doux, Jambe-de-lièvre, Argile, Barbarie, Binet-gris, Binet-blanc, Bramtôt, Fertile-de-Falaise, Fréquin-Audièvre, Grise-Dieppois, Noire-de-Vitry, Reine-des-Pommes, Rouge-de-Trèves.

Écartement à conserver entre les pieds. — En thèse générale, on peut admettre qu'il faut réserver entre les lignes le double de la distance gardée entre les sujets d'une même ligne.

Les meilleures distances moyennes semblent être les suivantes : 10 m. à 12 m. entre les lignes et 5 m. à 6 m. entre les sujets d'une même ligne.

Une vieille méthode, qui tend de plus en plus à disparaître, consistait à planter à *fonds perdu*, c'est-à-dire en ne laissant

qu'un espace de 4 à 5 m. entre les arbres. La production fruitière des sols ainsi traités est presque limitée à la couronne de
l'arbre ; de plus, la récolte poussant sous un semblable couvert
est complètement sacrifiée.

Avec M. Truelle nous admettrons que, *pour les vergers*, il
doit exister entre chaque arbre arrivé à l'apogée de son développement un espace non couvert de 2 mètres, ce qui per-
mettrait d'obtenir le maximum de production.

Partant de là on réservera entre chaque pied :

En bonne terre. . . . .   12 mètres.
En terre de moyenne fertilité   10   —
En terre médiocre ou mauvaise . . .   8   —

Sur les plateaux élevés et découverts, les plantations un peu
serrées résistent mieux aux vents, mais il ne faut rien exagérer
pour cela, car les arbres assez espacés donnent des fruits supérieurs à ceux des arbres trop serrés.

Sur route on plantera un arbre tous les 10 mètres. Dans les
champs labourés, on formera une ligne autour du champ, et
sur cette ligne les pommiers seront placés à 10 m. les uns des
des autres.

A quelle époque faut-il planter ? — On admet généralement qu'à *la Sainte-Catherine* (28 *novembre*) *tous le arbres
reprennent de racine.* C'est donc à peu près à cette époque qu'il
convient de mettre les pommiers en place. Pendant les jour-
nées tempérées de l'hiver, les racines de l'arbre émettent de
nouveaux poils absorbants et prennent possession du sol ; de
plus, la terre se tassera progressivement autour d'elles, de sorte
qu'à la montée de la sève la végétation pourra battre son
plein.

Cependant, dans les sols humides il convient d'attendre le
printemps pour effectuer les plantations, car les racines risque-
raient de pourrir par leur contact prolongé avec les eaux sta-
gnantes. On préférera aussi le printemps quand il s'agira de
terrains découverts exposés aux grands vents, car pendant l'hiver les arbres y souffriraient trop.

On ne plantera ni dans les terres détrempées, ni dans les
terres durcies par la sécheresse. On cherchera un temps calme

et brumeux pour éviter la dessiccation rapide des organes des jeunes arbres.

Modes de plantation. — La plantation en lignes régulières est la seule applicable à la culture du pommier. Cette plantation peut se faire suivant les formes rectangulaire, carrée ou en quinconce.

Dans la plantation *rectangulaire*, chaque arbre occupe un des sommets d'un triangle rectangle. Dans celle en *carré* (fig. 13), les arbres sont répartis sur les sommets d'un triangle rectangle isocèle.

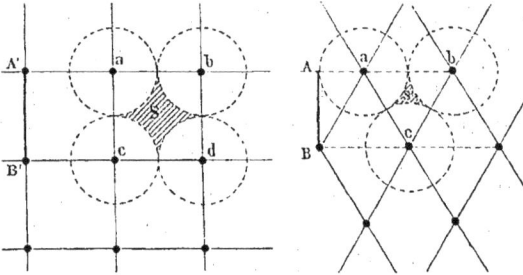

Fig. 13 et 14. — Plantation en carré et plantation en quinconce.

S et S', espaces réservés entre les arbres *a, b, c, d*; A' B' et A B, distances entre les arbres montrant l'avantage de la plantation en quinconce (A B étant plus petit que A' B').

Ces deux modes de plantation présentent des inconvénients. Les arbres ne sont pas équidistants; chacun d'eux tend à développer sa tête circulairement et par suite il se trouve bientôt arrêté par ses quatre plus proches voisins. Aucun avantage ne vient compenser cet inconvénient.

Le tracé d'une plantation rectangulaire pas plus que celui d'une plantation en carré ne présentent de difficultés; on divise deux des côtés contigus de la pièce de terre en parties égales à la distance des arbres entre eux. Des perpendiculaires abaissées de part et d'autre de chaque point de partage fournissent un quadrillage dont les points d'intersection indiquent la place des arbres.

Dans les plantations en *quinconce* (fig. 14), chaque arbre

se trouve entouré de six autres placés sur des lignes inclinées
à 60°, de telle sorte que chacun d'eux occupe l'un des sommets d'un triangle équilatéral.

De ce fait il en résulte de nombreux avantages. Les arbres
étant à égale distance dans tous les sens, peuvent former leur
tête ronde sans être gênés par le contact du voisin; aucune
portion de terrain n'est perdue pour la végétation; l'air et la
lumière pénètrent librement partout; enfin sur une même
surface on peut placer un plus grand nombre de pieds que par
tout autre procédé.

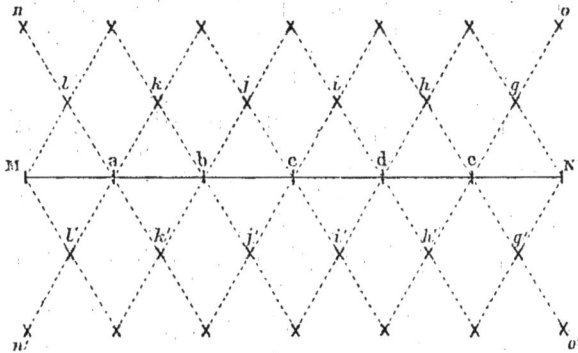

Fig. 15. — Tracé d'une quinconce sur le terrain.

Le tracé d'une quinconce est une opération assez délicate et
sur laquelle il est nécessaire d'insister. Nous donnons ci-dessus
le procédé décrit par M. Wagner :

On attache solidement deux piquets à l'extrémité d'un fil de
fer assez fort ayant une longueur exactement égale à la distance
qu'on veut réserver entre deux arbres voisins (fig. 15).

Sur le terrain on jalonne avec soin un alignement MN suivant la direction à donner à la plantation et, sur cet alignement, on marque, à l'aide de piquets qu'on enfonce, les points
a, b, c, d, e, où doivent être plantés les arbres, et cela en s'ai-
dant de la mesure dont nous venons de parler. Arrivé au
point N, le premier des deux opérateurs, qui tient un des
piquets de cette mesure, le fixe à ce point tandis que l'autre
avance dans la direction du point g et décrit, en tendant bien

le fil de fer, un arc de cercle avec la pointe de son piquet. L'opérateur resté en N se porte alors en *e* et y enfonce son piquet; le second opérateur, qui n'a pas bougé, décrit un second arc de cercle qui coupe le premier en *g*. A cet endroit il fixe une baguette indiquant l'emplacement qu'occupera l'arbre. Pour déterminer les autres points *h, i, j, k, l*, l'opérateur placé en *e* se rend successivemeut en *d, c, b, a, M*, tandis que l'autre décrit des arcs de cercle se coupant en *h, i, j, k, l*.

On procède de même pour déterminer les points *g', h', i', j', k', l'*. Les points *n,... o* et *n',... o'* sont obtenus en prenant pour bases d'opération les deux premières lignes qu'on vient de déterminer, et ainsi de suite.

Choix et préparation des plants. — 1° *Choix.* — Quels sujets faut-il planter de préférence ?

Quand on a une pépinière à la ferme, il est aisé d'y choisir les plus beaux plants. Si on achète, il faut se souvenir que les pépiniéristes vendent trois sortes de sujets : les *petits*, qui mesurent de 10 à 12^{cm} de circonférence à 1 m. du sol; les *moyens*, qui pour la même hauteur mesurent de 12 à 15^{cm}; les *sujets d'élite* qui dépassent 15^{cm}.

Nous conseillons de s'adresser aux sujets moyens ; les petits sont trop faibles et les derniers ne doivent être employés que dans des circonstances exceptionnelles.

Autant que possible, on doit s'abstenir d'acheter sur le marché : il faut aller dans la pépinière du vendeur. On s'y rend vers la fin d'octobre, quand les feuilles commencent à tomber et on marque dans les carrés les arbres choisis. On repoussera ceux qui, à cette époque, ont déjà perdu leurs feuilles pour s'arrêter à ceux qui possèdent encore des feuilles bien vertes, signe de santé, de vigueur et gage d'une bonne reprise. On s'assurera qu'ils sont exempts de chancre et qu'ils n'ont pas subi les attaques du puceron lanigère.

On exigera que toutes les plaies de taille soient parfaitement cicatrisées, car pendant les premières années de leur mise en place les arbres poussant peu vigoureusement, ces plaies se recouvriraient lentement et laisseraient la porte ouverte aux germes des maladies.

Les rameaux de tête seront vigoureux, tous à peu près de

même force, bien disposés suivant un cône renversé. Les écorces seront en bon état, bien lisses, ni ridées, ni durcies.

On portera ensuite son attention sur les yeux des rameaux qui, s'ils sont bien développés, indiqueront des sujets de grande vigueur. L'appareil radiculaire devra être parfaitement constitué et le pivot formé par trois à cinq racines de moyenne grosseur, autant que possible de grosseur égale et bien ramifiées.

Si toutes ces conditions sont remplies, nous engageons fort l'acheteur à ne pas trop lésiner sur le prix, car c'est une œuvre de longue haleine qu'il entreprend, œuvre dont il ne faut pas compromettre le résultat par des économies déplacées.

2° *Préparation.* — Voici nos sujets rendus à la ferme sur laquelle ils vivront désormais. S'ils doivent attendre plusieurs jours avant la plantation, il faut les mettre *en jauge* en n'entrecroisant pas trop leurs racines et en maintenant leurs tiges dans la position verticale.

Si, après un long voyage, l'écorce s'était ridée par la sécheresse, on les plongerait pendant 24 heures dans l'eau, ou bien, après les avoir couchés dans une tranchée, on les recouvrirait d'une couche de 10 cm de terre surmontée d'un paillis qui, pendant 4 à 5 jours, recevrait un arrosage copieux. Passé ce délai, les jeunes plants seraient déterrés.

S'ils avaient été gelés en cours de route, il ne faudrait pas les croire perdus pour cela : on les enfouirait assez profondément en les couchant dans le sol et on attendrait le dégel complet avant de les mettre en place.

Au moment de la plantation, on fait généralement subir aux plants deux opérations : l'habillage et le pralinage.

L'habillage porte sur les racines et sur les branches.

Pour les racines, on pratique sur les grosses, aux endroits où elles sont meurtries, une section bien nette en pied de biche. La coupe sera telle qu'elle repose sur le sol lorsque l'arbre sera mis en place. Le chevelu sera scrupuleusement respecté, car c'est lui qui assurera la prise de possession rapide du sol (fig. 16).

L'habillage des branches a ses partisans et ses détracteurs. Les uns coupent très court, les autres ne pratiquent aucune amputation sur elles.

On doit reconnaître que si on habille les racines, pour maintenir un juste équilibre entre les surfaces absorbantes et les surfaces évaporantes, il convient d'habiller aussi la tige. Pour cela on coupera les branches à o m. 20 ou o m. 40 de longueur suivant l'état des racines conservées.

L'habillage se pratiquera toujours à la serpette qui donne des sections bien nettes.

Avant l'habillage. Racines habillées.

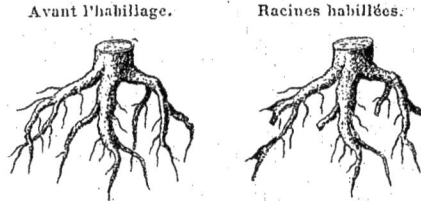

Fig. 16. — Habillage des racines.

Lorsqu'on procède à une plantation importante on fait suivre l'habillage du *pralinage*.

A cet effet on prépare dans un baquet une bouillie formée de purin dilué aux trois quarts et auquel on ajoute de l'argile, de la bouse de vache et du crottin de cheval. On y plonge ensuite les racines.

Le pralinage peut aussi être utile quand il s'agit de plantations tardives : il empêche le dessèchement, assure une adhérence immédiate et complète du chevelu avec le sol, adhérence qui facilite la reprise.

Le pralinage de la tige est toujours très avantageux. Il consiste à badigeonner cette dernière, ainsi que toutes les branches qu'elle porte, avec une bouillie analogue à la précédente et dans laquelle l'argile aura été remplacée par de la chaux. On diminue ainsi l'évaporation tout en donnant à l'écorce une couleur qui la préservera de l'action des rayons solaires qui provoquent souvent des gerçures et des durcissements.

Technique de la plantation. — Fumure. — L'emplacement de chaque plant étant bien déterminé comme nous l'avons indiqué plus haut, il faudra creuser des fosses, des *caves* comme on dit, pour le recevoir. Avant d'entreprendre ce travail et après s'être bien persuadé que les racines du pommier sont plutôt traçantes que pivotantes, le planteur aura à résoudre les trois questions suivantes : Quelle forme doit-on donner aux caves? Quelle sera leur profondeur et leur largeur? A quelle époque faudra-t-il les creuser?

Forme des caves. — Ces fosses peuvent être carrées ou circulaires. Nous préférons ces dernières car les racines, de quelque côté qu'elles se dirigent, auront toujours le même trajet à affectuer avant d'atteindre la terre non remuée.

Profondeur et largeur. — Leur *profondeur* doit diminuer avec l'humidité du terrain. Le Frère Henri va même jusqu'à affirmer que dans les sols très humides on ne doit pas hésiter à planter sans cave. Comme bonnes profondeurs on doit admettre o m. 70 dans les terrains bien secs et o m. 35 dans ceux qui sont frais.

Pour ce qui est de la *largeur* à donner à ces caves, il y aura lieu de se préoccuper de la nature du sol. Dans les terrains supérieurs, elles auront un diamètre de 1 m. 50 et dans les terrains moyens 1 m. 75 ; on leur donnera 2 m. dans les mauvais terrains.

Époque de l'ouverture des caves. — Doit-on ouvrir les caves longtemps avant la plantation ou seulement quelques jours avant de l'effectuer?

Les partisans du creusement des caves au moment de la plantation disent qu'ils évitent ainsi le durcissement de la terre qui la rend impénétrable aux racines. Les autres, au contraire, assurent que la terre s'aère mieux, se *mûrit* sous l'action bienfaisante des changements de température.

A notre avis il n'y a aucun inconvénient à procéder d'une façon ou de l'autre, surtout si on a le soin d'incorporer au sol une fumure copieuse, comme nous allons l'indiquer.

Fumure. — Pour la fumure, deux règles sont à observer : employer des engrais à action lente, car le pommier vivra longtemps, et s'abstenir de placer du fumier frais au contact des racines, car on s'exposerait à les voir contracter le *blanc*.

Autrefois on plaçait au fond des fosses des fagots de genêts, de bruyère, mêlés à du fumier et à des débris de vaisselle. C'était là une mauvaise pratique qui, malheureusement, n'est pas encore complètement abandonnée. En effet, par suite du tassement ultérieur, le collet de l'arbre descendait à une profondeur qu'il n'aurait jamais dû atteindre.

Avec M. Grandeau nous conseillerons d'employer comme fumure fondamentale et par are :

Scories de déphosphoration . . . 40 kg.
Kaïnite 40

A cette fumure minérale il conviendra d'ajouter des déchets de laine, de corne, de cuir, des tourteaux de graines oléagineuses, du sang desséché, du fumier de ferme bien décomposé et cela aux doses suivantes par are :

Fumier bien décomposé. . . . 300 à 400 kg.
Tourteaux . . . . 200 à 300
Sang desséché, corne, etc . . . 150

Si l'on redoutait les attaques du *ver blanc*, nous conseillerions fort d'ajouter à tout cela des feuilles de chêne sèches préala-

Fig. 17. — Mise en place de l'arbre.

blement trempées dans du goudron. Elles ont la propriété de chasser-la redoutable larve du hanneton.

Mise en place de l'arbre. — La mise en place (fig. 17) nécessite la présence de deux hommes : l'un tient l'arbre bien vertical, exactement à l'emplacement indiqué par le piquetage ; l'autre pratique au fond du trou une taupinière sur laquelle il étale soigneusement les racines du plant. Ceci fait, il jette le mélange de terre et d'engrais sur les racines pendant que son aide secoue légèrement la tige de bas, en haut pour que tous les vides du chevelu soient bien remplis. Il importe de ne jamais se servir du pied pour pratiquer cette opération.

Il est bon de donner aux jeunes plants l'orientation qu'ils avaient dans la pépinière. Généralement, la mousse croît sur l'écorce ou tout au moins sur une certaine surface de la partie faisant face au Nord. Cette indication sera suffisante pour réaliser l'orientation dont nous venons de parler, orientation dont la nécessité a été théoriquement et pratiquement démontrée.

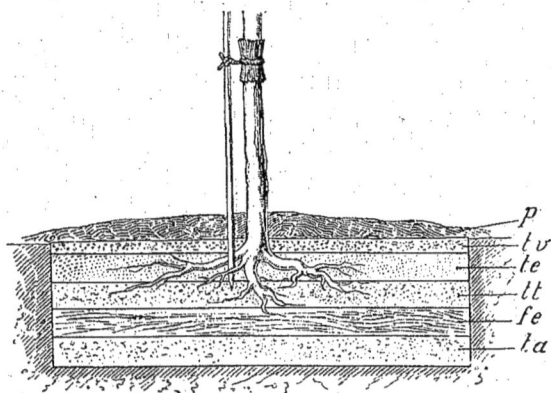

Fig. 18. — Coupe du sol montrant les diverses couches après la mise en place de l'arbre.

p, paillis ; *tv*, terre végétale ; *te*, terreau ; *tt*, terre terreautée ; *fe*, fumier et engrais chimiques; *ta*, terre arable.

La position du collet du jeune arbre par rapport à la surface du sol est aussi à considérer.

Dans les terrains légers, le collet, point d'insertion des premières racines, doit être enfoui à 0 m. 10 au-dessous du niveau du sol (fig. 18). Dans les terrains de consistance moyenne, cette profondeur sera réduite à 0 m. 05 pour être à fleur de terre dans les terrains compacts.

Par suite des tassements qui se produiront ultérieurement, on doit toujours placer le collet à 10 ou 15 cm. au-dessus de la position qu'on lui aura assignée d'après les règles précédentes.

Tout le travail terminé, on réservera une cuvette autour du pied du jeune plant.

Soins ultérieurs à donner aux jeunes plants. —
Tuteur. — Aussitôt après la
plantation, on fixera un tuteur
au jeune arbre, car celui-ci
n'ayant pas pris possession du
sol et subissant l'action des
vents, reçoit des oscillations
répétées qui nuisent au bon
fonctionnement de son système
radiculaire et peuvent même
amener le déracinement. On
peut employer à cet usage, soit
un seul tuteur droit et profondément enfoncé en terre, soit
deux tuteurs obliques, diamétralement opposés et fortement
attachés au tronc.

Armures de protection. — Il
convient ensuite de protéger
le jeune plant contre la dent des
animaux ou contre le besoin
qu'ils éprouvent de venir frotter
leur épiderme contre les surfaces dures qu'ils rencontrent.
Pour cela on utilise les *armures*
dont on recommande divers
systèmes. Les armures rustiques
se font en branches d'épines ou
en paille. Les armures perfec-
tionnées sont en fer (fig. 19) ou
en bois. On choisira celles qui,
à protection égale, durent le
plus longtemps et coûtent le
moins cher.

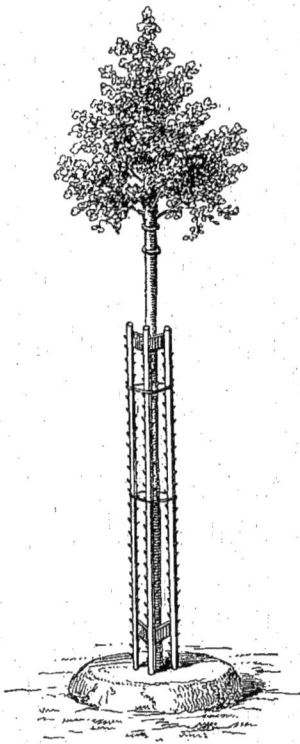

Fig. 19. — Corset métallique
pour la protection des pommiers
plantés sur route ou dans les
vergers pâturés.

Ici il ne faut pas oublier que la protection effective doit
durer au moins dix ans. Les armures métalliques semblent

répondre à tous les desiderata ; seul leur prix un peu élevé s'oppose à la généralisation de leur emploi.

Le *corset normand*, formé de lattes de châtaignier piquées de pointes et réunies par des torsades de fil de fer galvanisé, est excellent. Trois piquets brûlés à la base et placés en spirale constituent aussi une armure très recommandable.

Paillis. — Nous avons dit qu'au moment de la mise en place une cuvette devait être réservée autour du pied de l'arbre. Cette cuvette sera recouverte d'un paillis.

« Le paillis est un des grands secrets de la végétation. Il empêche le dessèchement du sol et forme un obstacle au développement des mauvaises herbes ». Il se fait en ardoises pilées, sciure de bois, ajonc ou bruyère. M. Hérissant, directeur de l'école d'agriculture des Trois-Croix à Rennes, place autour de ses jeunes pommiers des pierres plates.

Il convient de défaire assez souvent les paillis pour s'assurer qu'ils ne servent pas de refuge aux mulots et aux autres rongeurs. Le Frère Henri, de Rennes, voudrait qu'ils occupent une circonférence de 4 m. de diamètre.

Ceci fait, les soins à donner ultérieurement aux jeunes pommiers peuvent se diviser en deux parties : soins à donner *au sol* ; soins à donner *à l'arbre*.

Soins à donner au sol. — Les façons culturales sous le couvert des arbres seront toutes superficielles ; c'est pour cela que le brabant amène lentement la mort du pommier en l'obligeant à vivre en sous-sol, lui qui a surtout des racines traçantes.

On se contentera de pratiquer de légers binages sur une couronne à partir de o m. 5o du tronc jusqu'à la perpendiculaire abaissée de l'extrémité des branches.

Tous les ans on fertilisera le sol sur la même surface.

« *Soignez le pied de vos arbres, la tête croîtra toujours bien* », disent les Normands.

Malheureusement ce dicton est souvent oublié. Une fois planté et repris, le pommier est comme la prairie : il ne voit guère son maître qu'au moment de la récolte, et cependant l'édification de sa grande charpente et la production de ses fruits se font aux dépens des éléments fertilisants du sol. Il faut à tout prix restituer ceux-ci au fur et à mesure de leur exportation.

Trois règles précises guideront l'agriculteur dans la pratique de la fumure de ses arbres :

1° Les *engrais azotés* activent le développement de la charpente et des parties herbacées ;

2° Les *engrais phosphatés* poussent surtout à la fructification ;

3° Les *engrais potassiques* assurent la formation du bois, du feuillage et des fruits ; ils rendent la floraison et la fructification plus certaines ; en outre, ils favorisent le développement des fruits en grosseur, en poids, en couleur et en arôme.

D'après cela, lorsqu'un pommier manquera de vigueur, aura une charpente maigre ou un feuillage peu abondant, on lui donnera des engrais azotés et des engrais potassiques. Si au contraire l'arbre est très vigoureux, mais ne fleurit pas ou fleurit peu, il faudra lui appliquer des engrais phosphatés. Si enfin les fruits se nouent bien mais ne grossissent pas, on fera appel aux engrais potassiques.

Dans toutes les circonstances, un mélange judicieux des trois éléments, *azoté, phosphaté, potassique,* permettra d'obtenir un équilibre parfait dans la végétation et dans la production. De plus, un arbre bien fumé aura toute la vigueur nécessaire pour lutter contre les intempéries et contre les attaques des parasites.

A quelles matières fertilisantes convient-il de s'adresser pour réaliser l'équilibre dont nous venons de parler ?

Le *fumier de ferme* est incapable de restituer aux sols tout ce qui est exporté par une récolte de pommes. M. Wagner estime que pour fournir seulement la potasse nécessaire aux arbres fruitiers, il en faudrait environ 45.000 kg. par hectare et par an. Où trouver de pareilles quantités ? De plus, comme dans la culture qui nous occupe le fumier doit être surtout employé en couverture, on sait qu'il perdra une grande partie de ses éléments fertilisants.

Cependant il ne faut pas absolument proscrire le fumier des vergers, car il possède des qualités remarquables : il ameublit le sol, le réchauffe, le rend plus léger s'il est compact, plus compact s'il est trop léger. Il faut se contenter de le compléter par des engrais chimiques appropriés.

La meilleure fumure serait donc, par an et par arbre, une bonne dose de fumier de ferme complétée ainsi qu'il suit :

1° *Pour les arbres de 2 à 5 ans*, par :

o ^{kg}, 60 de scories de déphosphoration,
o , 50 de nitrate de soude,
o , 50 de chlorure de potassium.

2° *Pour les arbres de 6 à 10 ans*, par :

o ^{kg}, 90 de scories,
o , 75 de nitrate,
o , 50 de chlorure de potassium.

3° *Pour les arbres de 11 à 20 ans*, par :

1 ^{kg}, 20 de scories,
1 de nitrate,
1 de chlorure de potassium.

Le fumier, les scories, les sels de potasse seront répandus à l'automne et le nitrate de soude au printemps.

Cela fait, on observera la végétation des arbres. S'ils poussent trop en bois on supprimera le nitrate ; si la production fruitière et la beauté des fruits laissent à désirer, on augmentera la potasse et l'acide phosphorique ; si au contraire un manque de vigueur venait à se manifester, on forcerait la dose de nitrate.

Soins à donner à l'arbre. — Laissant de côté le greffage qui, s'il n'a pas été pratiqué dans la pépinière, devra être effectué sur la plantation, les soins à donner à l'arbre comportent : le maintien de la forme de sa tête, l'élagage et le tuteurage, les chaulages, enfin la lutte contre les parasites animaux et végétaux.

Pour permettre le libre accès de l'air et de la lumière, la tête des pommiers doit toujours avoir la forme d'un cône renversé plus ou moins régulier. La formation de cette tête est généralement abandonnée à elle-même. Il serait cependant bien simple de rectifier quelque peu, dès le début, la forme désagréable qu'on lui laisse prendre. A cet effet on conservera trois scions pour former la charpente, puis par les pincements et les tailles suivantes, on arrivera à avoir 6 branches secondaires, qui, à la troisième année, permettront d'obtenir 12 branches tertiaires. A partir de ce moment on laissera faire la nature.

Tous les ans, pendant le repos de la végétation, on procédera à des élagages en supprimant les branches mortes, les gourmands poussant sur la tête et sur le tronc, les ramifications déformant l'aspect de la tête.

On soutiendra par des tuteurs ou perches les branches chargées de fruits. C'est là une excellente précaution, indispensable pour les arbres à branches pendantes ou horizontales.

Le *chaulage* du tronc pratiqué tous les ans détruit les larves d'insectes qui se cachent dans les fissures de l'écorce. Il protège cette dernière contre les ardeurs du soleil et lui conserve cet aspect lisse qui respire la santé et facilite la circulation de la sève.

C'est en mars que s'effectue le chaulage au moyen d'une bouillie assez épaisse formée pour 100 litres d'eau de :

Chaux . . . . 4 à 5 kg.
Sulfate de fer. . . . . 4 à 5
Argile : dose variable suivant la consistance qu'on désire obtenir.

Ces chaulages seront complétés par des pulvérisations au sulfate de cuivre effectuées sur la tête et dont nous parlerons plus loin.

Devis estimatif du prix d'une plantation. — Quand on plante, il ne faut jamais aller à une économie exagérée.

Ceci dit, on peut établir de la façon suivante le décompte de la plantation d'un arbre à fruits de pressoir :

DÉPENSES	PRIX (en francs).		
	Maximum	Minimum	Moyenne
Achat du sujet	3 fr	2 fr	2 fr 50
Confection de la fosse.	0,75	0,50	0,60
Engrais divers	1,50	0,55	1 »
Plantation, couverture et greffage.	1 »	0,50	0,75
Armure protectrice et tuteur . .	2 »	1 »	1,35
TOTAL.	8,25	4,55	6,20

Si on admet le prix moyen de 6 fr. 20 par arbre, ce sera donc une dépense de 620 fr. pour une plantation de 100 arbres, à laquelle il convient d'ajouter environ 15 fr. pour les frais imprévus.

Rapport d'une pommeraie. — Un pommier planté et soigné consciencieusement comme nous venons de l'indiquer revient à 15 fr. quand il arrive à l'âge de dix ans. A ce chiffre il convient d'ajouter l'intérêt de la somme engagée à 5 %, somme augmentée d'une prime d'amortissement pour 70 ans (durée moyenne de la vie d'un pommier). Tous comptes faits, intérêt et prime représentent une valeur annuelle de 0 fr. 80.

On peut dès lors établir ainsi qu'il suit le compte doit et avoir pour chaque arbre d'une plantation pour une année :

DOIT :

Location d'un terrain d'une superficie de 20^{m2} à 100 fr. l'hectare	0 fr.	20
Intérêts et amortissement du capital engagé	0	80
Frais de récolte et de culture	0	50
Total des dépenses. . . .	1 fr.	50

AVOIR :

En comptant sur une récolte minima d'un hectolitre, la vente donne.	4 fr.	50

Si l'on fait la balance on aura un bénéfice net de 3 fr. par arbre et par an.

Ceci n'est qu'un minimum, et beaucoup de praticiens admettent un bénéfice net de 5 fr. On voit dès lors qu'un hectare couvert de 100 pommiers rapporterait bon an mal an de 300 à 500 fr. au fermier qui le cultive.

Rajeunissement des arbres à fruits de pressoir. — Malgré les soins les plus minutieux dont ils ont été entourés, certains pommiers ou poiriers sur lesquels on avait fondé les plus belles espérances ne donnent plus, au bout de quelques années, que de très médiocres récoltes. Faut-il alors les arracher et procéder à leur remplacement? Certes non! Il est possible de leur donner une vigueur et une productivité nouvelles en procédant à leur rajeunissement.

Deux cas peuvent alors se présenter :

1° *Les arbres sont improductifs* ou donnent des fruits de mauvaise qualité, soit parce que leur charpente est devenue trop touffue, soit parce qu'ils ont été fortement détériorés par une violente bourrasque ;

2° *Les arbres ne donnent plus de récolte* parce que leurs racines sont devenues incapables de puiser dans le sol les sucs
nutritifs.

Dans le premier cas, suivant l'étendue du mal on peut pratiquer le rajeunissement *simple* ou le rajeunissement *composé*.

Le rajeunissement simple, préconisé par M. Hérissant, directeur de l'École d'agriculture des Trois-Croix, à Rennes, consiste
à amputer un nombre convenable de branches dont le diamètre
n'excède pas o m. 10.

Pour cela, à l'aide d'un sécateur on coupe tout auprès de la

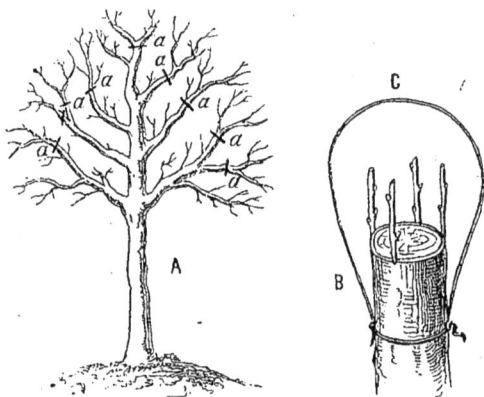

Fig. 20. — Rajeunissement ou chouannage
des vieux pommiers.

A, pommier à rajeunir suivant l'indication des traits *a*.
B, greffe en couronne pratiquée sur les sections *a*. On a
eu soin de protéger l'arbre contre les oiseaux par un
arceau C.

branche qui les porte les ramifications de la grosseur au plus
du petit doigt et on raccourcit les branches de prolonge-
ment à l'endroit où elles ont acquis ce même volume. (Il
faut se garder d'enlever une seule branche charpentière, même
mal placée).

Ce procédé n'a qu'un inconvénient: il retarde la récolte
d'environ trois ans; mais il permet d'obtenir une foule de ra-

mifications qui assureront, plus tard, une abondante fructification et un développement normal.

Le rajeunissement composé, très pratiqué dans la Mayenne
sous le nom de *chouannage* (fig. 20), comporte un certain

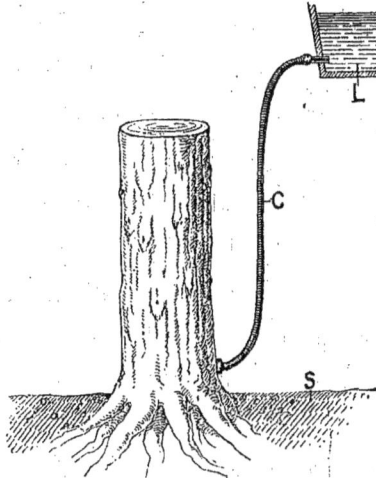

Fig. 21. — Conservation des pommiers
par le procédé Simon : disposition de l'appareil
à pression.
L, vase contenant le liquide nourricier ; C, tube de
caoutchouc ; S, sol.

nombre d'amputations complétées par un greffage sur les moi-
gnons restants.

L'opération est assez délicate et, pour être couronnée de
succès, nécessite l'observation des règles suivantes :

1º Ne jamais s'adresser à des arbres peu vigoureux, malades
ou chancreux ;

2º Opérer au moment du repos de la sève, c'est-à-dire d'octobre à mars, et même jusqu'à la mi-mai quand on greffera en
couronne ;

3º Amputer les branches à la moitié ou au tiers de leur longueur ou, mieux, à 0 m. 80 du tronc, de façon à donner à la
couronne future la forme pyramidale ;

4° Pratiquer autant que possible la section près d'un rameau latéral qui constituera un appel de sève;

5° Greffer rapidement et recouvrir soigneusement avec du mastic à greffer. Le greffage se fera de préférence en couronne en mettant 2 à 4 greffons, qu'on réduira à deux après reprise en même temps qu'on coupera les branches d'appel de sève.

Lorsque les arbres ne peuvent plus s'alimenter par les racines, si on a quelque intérêt à les conserver, on peut leur appliquer le traitement préconisé par M. Simon et qui consiste à faire une injection par pression dans le pied du sujet (fig. 21 à 23).

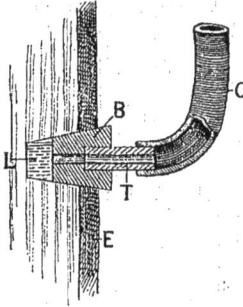

Fig. 22. — Procédé Simon : détails du mode opératoire.

B, bouchon de liège; C, tube de caoutchouc; T, tube de verre; E, écorce du pommier; L, chambre remplie de liquide nourricier.

Fig. 23. — Arbre en traitement par injection : procédé Simon.

V. — MALADIES ET ENNEMIS S'ATTAQUANT AUX ARBRES A FRUITS DE PRESSOIR. — LUTTE CONTRE LEURS RAVAGES

Les pommiers et les poiriers, comme tous les arbres fruitiers, peuvent subir les attaques de maladies *non parasitaires* et de *maladies parasitaires*.

Maladies non parasitaires. Moyens employés pour les combattre. — Elles peuvent avoir pour cause :

1° Le sol ;

2° Des agents extérieurs ou totalement inconnus ;

3° Des plaies d'ordre mécanique.

Parmi les maladies dues au sol, nous citerons en première ligne la *chlorose*, qui se manifeste par une décoloration progressive de tous les tissus verts. Pour lutter contre elle, il faut agir sur l'alimentation de l'arbre en modifiant les propriétés physiques du sol ainsi que sa composition chimique. Pour cela, on le drainera et on y fera d'importants apports d'engrais.

La *pourriture alcoolique* des racines est due à leur asphyxie dans un terrain trop humide. Les drainages sont tout indiqués dans ce cas.

Les agents extérieurs agissent par des *coups de soleil* qu'on évite en badigeonnant les jeunes tiges, comme nous l'avons indiqué plus haut (voir p. 63). Ils agissent aussi en provoquant des *gélivures* dont les plaies, si elles sont apparentes, seront recouvertes de mastic à greffer.

Les *plaies d'ordre mécanique*, lorsqu'elles proviennent de l'élagage par le choc des instruments aratoires, ouvrent une large porte aux infections parasitaires. Aussi, dès qu'elles sont produites, il faut les cicatriser en les recouvrant de goudron.

Maladies parasitaires. — Lutte contre leurs ravages. — Il y a lieu de distinguer les maladie dues :

1° A des animaux ;
2° A des végétaux supérieurs ;
3° A des cryptogames.

1° *Animaux (insectes).* — Parmi les animaux, ou pour mieux

Fig. 24. — Hanneton,

a, larve. b, chrysalide. c, insecte parfait.

dire les insectes, citons les plus redoutables. Ce sont :

Le *hanneton* (fig. 24).

Il ravage surtout les jeunes pommiers dans la pépinière. Sa larve dévore les racines et l'adulte s'attaque aux feuilles. Cette larve ou *peuton* cause aussi de sérieux dégâts dans les vergers pendant les années de sécheresse.

On a recommandé de faire récolter les adultes par des enfants en leur donnant une prime, de remuer au moment de leur ponte quelques mètres carrés de terrain bien exposés au soleil ; c'est là, en effet, qu'ils viendront déposer leurs œufs qu'on détruira ensuite facilement.

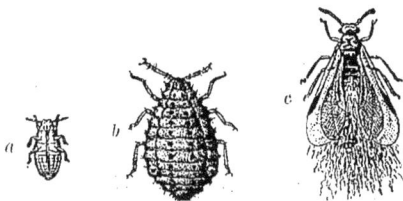

Fig. 25. — Puceron lanigère (très grossi).

a, jeune. b, aptère. c, ailé.

Le *puceron lanigère* (fig. 25).

Il se recouvre d'un duvet blanchâtre sous lequel il est difficile de l'atteindre. On le trouve toujours en grande abondance sur les plaies ainsi que sur le collet des racines. Par suite des piqûres qu'il fait pour sucer la sève, il y a gonflement et déformation des tissus de l'arbre. Celui-ci se couvre de nodosités et finalement de chancres qui nuisent beaucoup à sa santé générale et peuvent amener sa mort. Il faut combattre le puceron lanigère dès son apparition car plus tard, cela devient très difficile. Pour cela :

a) Pendant l'hiver, badigeonner les colonies de pucerons avec du pétrole ;

b) Pendant la végétation, remplacer le pétrole par de l'alcool

Fig. 26. — Anthonome du pommier.

1, bourgeon attaqué (a, fleurs saines ; b, fleurs rongées) ; 2, larve de l'anthonome ; 3, insecte parfait (grossi 3 fois et demie).

à brûler ou mieux encore par les huiles lourdes des usines à gaz. Ce dernier procédé a donné d'excellents résultats à M. R. Dumont, de Cambrai, sur une pommeraie de 7.000 sujets ;

c) Employer en pulvérisation ou en badigeonnage les insecticides contenant du savon noir, du carbonate de soude et de l'alcool à brûler ;

d) Brosser, gratter ou écraser les premiers pucerons qui apparaîtront sur les parties herbacées.

L'anthonome (fig. 26).

C'est un des ennemis les plus redoutables du pommier.

L'insecte pond ses œufs dans les boutons à fleurs que la larve ronge ensuite. Ces boutons deviennent roux *clou de girofle*. C'est ce qui a fait dire qu'un mauvais vent a grillé les pommiers quand ils ont subi les attaques de ce parasite. Pour lutter contre lui il faut :

a) Gratter les écorces des arbres et les badigeonner à la bouillie bordelaise ;

b) Secouer les branches sur un drap au moment de l'épanouissement des fleurs et brûler les insectes récoltés.

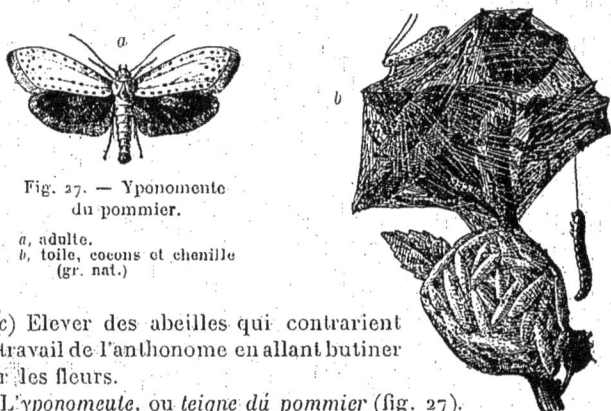

Fig. 27. — Yponomeute
du pommier.

a, adulte.
b, toile, cocons et chenille
(gr. nat.)

c) Elever des abeilles qui contrarient le travail de l'anthonome en allant butiner sur les fleurs.

L'*yponomeute*, ou *teigne du pommier* (fig. 27).

Il ronge les feuilles et peut causer de véritables désastres, certaines années.

Contre cette chenille nous conseillons de surveiller les arbustes, notamment les haies d'aubépine placées au bord des champs et d'y détruire les chenilles dès qu'elles y font leur apparition (1).

2° **Végétaux supérieurs.** — Parmi les végétaux supérieurs parasitaires pouvant nuire aux pommiers il faut citer le *gui* (fig. 28) qu'il convient de détruire avec soin dès qu'il fait son apparition et cela en le coupant au ras des branches.

En descendant l'échelle végétale, nous trouvons les *mousses*

_____

(1) Pour la destruction de l'Yponomeute du pommier, voir l'ouvrage de la même collection : *Destruction des insectes et autres animaux nuisibles*, par Clément, p. 109.

et les *lichens*, qui nuisent à la circulation de la sève et servent d'asile aux larves des insectes. On s'en débarrasse par des frottages, des grattages (fig. 29) et des badigeonnages au sulfate de fer.

3° **Cryptogames**. — Viennent enfin les *champignons* parasites qui peuvent occasionner :

a) *Le chancre*.

C'est une nécrose des branches et des tiges. Les variétés à bois un peu mou sont surtout atteintes. La maladie est fréquente sur les arbres plantés en sol humide. L'attaque du puceron lanigère favorise son développement.

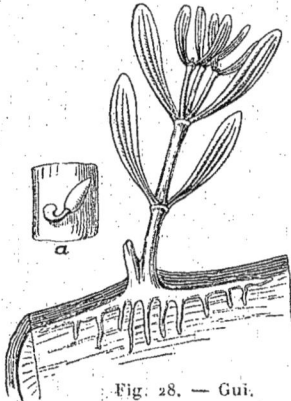

Fig. 28. — Gui.

a, germination de la graine de gui.

Le traitement consiste à enlever avec un instrument bien tranchant toute la partie de bois altérée qui forme le chancre et à badigeonner la plaie avec le mélange suivant :

Sulfate de fer . . 50 gr.
Eau 100
Acide sulfurique
concentré . . 10

Deux jours après, la plaie est recouverte de *coaltar*, ou goudron tiré de la houille, additionné d'un peu d'alcool pour le rendre liquide s'il est trop épais et que l'on fait bouillir dans le cas contraire.

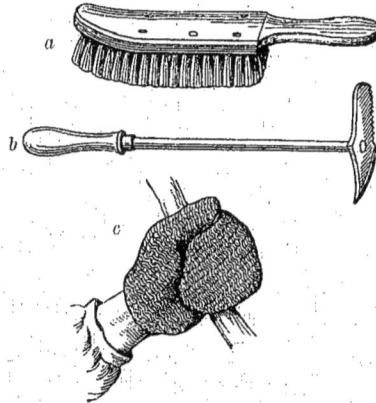

Fig. 29. — Instruments pour gratter et émousser les écorces.

a, émoussoir-brosse en fils d'acier ;
b, émoussoir-grattoir ;
c, émoussoir-gant (cotte de maille).

En règle générale, il ne faudra jamais prendre de greffons

sur un arbre chancreux car la maladie semble héréditaire.

b) *Le blanc des racines* et le *pourridié*.

Ce sont des parasites cryptogamiques amenant la mort des pommiers mais contre lesquels il n'existe pas de remèdes pratiques. Il faudra se contenter d'isoler par un fossé les arbres atteints et de brûler leurs racines au moment de l'arrachage.

Moyens généraux de lutte contre les insectes et les cryptogames. — Comme conseils généraux nous donnerons les suivants :

S'il s'agit d'insectes, il ne faut pas trop songer à s'attaquer à l'insecte parfait sauf dans quelques cas particuliers (hanneton, anthonome). On doit se contenter d'essayer de détruire les œufs, les larves et les chenilles de ces redoutables ennemis. Pour cela il convient de protéger les petits oiseaux qui en dévorent une grande quantité.

On agira directement :

1° *Par le chaulage du tronc et des grosses branches,* chaulage pratiqué tous les ans avec le mélange suivant :

Chaux. . . . . 10 kg.
Sulfate de fer . . . . . 2 kg.
Argile. . . . . 1 kg.
Eau . . . . 100 litres.

2° *En grattant le tronc et les grosses branches* pour enlever les vieilles écorces, les mousses et les lichens qui servent de refuge ;

3° *En pulvérisant tout l'arbre* (fig. 36) avec une des solutions suivantes :

Eau . . . . 100 litres.
Chaux grasse . . . . . 10 kg.
Sulfate de fer . . . . . 2 kg.

ou

Eau. . . . . 100 litres. } Bouillie
Chaux. . . . . 2 kg. } bordelaise
Sulfate de cuivre . . . 2 kg. } simple.

ou

Eau. . . . . 10 litres.
Sulfate de cuivre. . . . 0,600
Acide sulfurique . . . . 2 décilitres.

ou encore

Eau.	10 litres.
Sulfate de fer	1 kg.
Acide sulfurique . . .	2 décilitres.

Cette dernière formule, employée dans les vergers du Nord et préconisée par M. Dumont, professeur d'agriculture à Cam

Fig. 3o. — Pulvérisation d'un verger.

brai, détruit radicalement les mousses, lichens, spores de chancre et de tavelures. Elle donne d'excellents résultats.

On fait d'abord dissoudre le sulfate de fer ou le sulfate de cuivre dans l'eau et on incorpore doucement les autres ingrédients au mélange.

On peut rendre la bouillie bordelaise très insecticide en lui incorporant 1 gr. 5 d'arséniate de soude (vert de Paris) par litre.

A cause de l'acide sulfurique qu'elles renferment, les deux dernières formules ne devront être employées que pendant l'hiver. Mais nous conseillons de compléter leur action par deux pulvérisations à la bouillie bordelaise simple, la première à la chute des pétales et la seconde de 25 à 30 jours après la chute de ces organes.

Si le traitement d'hiver n'avait pas été effectué, il faudrait une pulvérisation supplémentaire en dehors des deux précédentes et cela au moment de la naissance des feuilles et toujours en employant la bouillie bordelaise simple ;

4° *En pratiquant régulièrement l'échenillage* prescrit par la loi.

S'il s'agit de parasites cryptogamiques, la bouillie au sulfate de cuivre donnera toujours d'excellents résultats.

Dans tous les cas, il est bon de faire remarquer qu'un arbre bien soigné, copieusement fumé et parfaitement adapté au sol sur lequel il vit, subira moins facilement que tout autre les attaques des nombreux ennemis qui menacent nos vergers.

DEUXIÈME PARTIE

MONOGRAPHIE DES VARIÉTÉS DE FRUITS DE PRESSOIR LES PLUS MÉRITANTS

Le nombre des variétés de fruits de pressoir est considérable. M. Heuzé en a décrit 2185 et M. Truelle en a étudié plus de 1200. Très peu d'entre elles cependant ont une réelle valeur.

Tous les pomologues s'accordent à reconnaître qu'il faut mettre de l'ordre dans ce chaos : l'avenir de l'industrie cidrière dépend en effet de la limitation raisonnée du nombre des variétés recommandables. M. Truelle les réduit à 100. De son côté l'*Association française pomologique* a dressé une liste des fruits les plus méritants. Cette liste est toujours ouverte et chaque année, au moment des concours tenus dans les grands centres cidriers, 2 ou 3 noms viennent s'y ajouter.

Il ne faudrait pas croire que les variétés recommandées, soit par les pomologues, soit par l'*Association française pomologique*, soient des variétés parfaites. Il n'existe pas de variété parfaite au sens propre du mot.

« *Une variété est meilleure qu'une autre pour sa fertilité, pour* « *sa richesse saccharine, pour son quantum tannique, mais non* « *pour toutes ces qualités à la fois* » (1).

---

(1) A. TRUELLE, *Atlas des meilleures variétés de fruits à cidre.* — Doin, éditeur, Paris.

Sous le bénéfice de cette remarque nous classerons les fruits de pressoir en deux catégories :

1° *Variétés fondamentales*, c'est-à-dire celles qu'on peut cultiver un peu partout avec succès et qui présentent de réels mérites.

2° *Variétés régionales*, c'est-à-dire celles qui conviennent plus spécialement à chacune des grandes régions cidrières.

Pour éviter les hésitations et les tâtonnements du planteur, nous ne ferons entrer qu'un petit nombre de noms dans chacune de ces deux catégories. Notre expérience personnelle nous permet d'affirmer que, si on veut nous suivre dans la voie que nous traçons, on obtiendra entière satisfaction.

VI. — VARIÉTÉS FONDAMENTALES

Pommes de première saison.

On a souvent conseillé de ne greffer que des variétés de deuxième et de troisième saison à l'exclusion de celles de première saison. La production de ces dernières, dit-on, est très aléatoire et, de plus, elles donnent un produit de qualité inférieure et qui n'a pas sa place dans une bonne exploitation. Ce n'est pas là notre avis.

Mûres en septembre, les pommes de première saison arrivent au moment où le cidrier se trouve entre deux alternatives : si l'année précédente a été favorable, il a encore dans sa cave une bonne provision, mais le cidre qui remplit ses tonneaux est dur ; si au contraire la dernière récolte a été mauvaise, ses celliers sont vides.

Dans les deux cas les pommes de première saison lui seront d'un grand secours. Grâce aux matières pectiques(1) dont elles sont chargées, elles permettent en effet, par des coupages, de faire disparaître ou, tout au moins, d'atténuer fortement l'acidité des vieux cidres. Elles peuvent en outre donner à elles seules une excellente boisson.

Pourquoi donc affirme-t-on généralement le contraire? Cela tient à plusieurs causes.

Les variétés de première saison, peu nombreuses dans les fermes, sont disséminées un peu partout. Quand on les récolte, elles se trouvent mélangées aux pommes de vent, qui, elles, sont le plus souvent véreuses et n'ont pas atteint leur maturité

---

(1) Matières pectiques : celles qui donnent de la consistance aux gelées végétales.

pour le brassage. De plus, ce brassage s'effectue à une époque où la température assez élevée précipite la fermentation tumultueuse, circonstance qui nuit à la qualité du produit obtenu. Enfin, il faut constater que les variétés cultivées de première saison sont assez nombreuses mais ne comportent qu'un nombre très restreint de types d'élite.

Que faire? Il y a pour cela plusieurs moyens :

a) Réunir les variétés de première saison sur un même champ ;

b) Surveiller la fermentation et la ralentir au besoin par des soutirages;

c) Ne cultiver que deux ou trois variétés d'élite et qui aient fait leurs preuves depuis longtemps. Celles que nous allons étudier, soit qu'on emploie leur jus pour améliorer les vieux cidres, soit qu'on les utilise en mélange par parties égales, donneront toujours d'excellents résultats.

1° **Blanc-Mollet** (*Douce-Morel, Petit-Jaunet, Blanc-doux, Blanche-Hative, La-Blanche, Vagnon-Blanc*).

Arbre. — Rustique, fertile, vigoureux, assez grand. Bois de dureté moyenne. Les branches divergentes ont tendance à ployer sous la charge des fruits. La tête de l'arbre à l'aspect arrondi.

Floraison. — Vers la deuxième quinzaine d'avril ou le commencement de mai. Les fleurs redoutent un peu les gelées; aussi convient-il de réserver au *Blanc-Mollet* un endroit assez abrité.

Fruit. — Moyen, un peu aplati, jaune, à épiderme légèrement verdâtre et parsemé d'un pointillé roux. Sa pulpe est blanche et fine. Il faut le brasser presque aussitôt après sa récolte.

Jus. — Amer-doux, très coloré mais devenant presque incolore après la fermentation. Très parfumé. Pourrait donner seul une bonne boisson, mais il vaut mieux le réserver pour couper les vieux cidres; l'abondance des matières pectiques qu'il contient le rend très propre à cet usage.

Les nombreuses analyses de M. Truelle lui ont assigné la composition moyenne suivante par litre (densité : 1.060,5) :

Sucre total	128 gr.,	014
Tannin	3	, 023
Matières pectiques et albuminoïdes	19	, 666
Acidité exprimée en acide sulfurique monohydraté	1	, 360

2° *Doux-Évêque* (*Doux-aux-Vespes, Doux-Revel*).

Arbre. — Vigoureux, fertile, assez rustique. Bois demi-dur. Les branches tendent à ployer sous la charge des fruits. Tête de forme arrondie.

Floraison. — Fin mai.

Fruit. — Moyen, assez régulier, jaune carminé, pointillé de roux. Sa pulpe blanche donne un jus abondant. Il demande à être brassé peu de temps après la récolte.

Jus. — Doux, bien coloré et parfumé ; ne convient bien que pour couper les vieux cidres. Il présente une composition chimique assez voisine de celle du *Blanc-Mollet* avec un peu plus de sucre fermentescible, un peu moins de tannin et de matières pectiques, le tout joint à une acidité égale.

3° *Précoce-David.*

Arbre. — Rustique, sain, vigoureux, fertile. Bois dur, branches solides. Tête à aspect souvent arrondi, quelquefois demi-pyramidale.

Floraison. — Commencement de mai.

Fruit. — Moyen, plat, assez irrégulier, jaune carminé, pointillé de gris roux. Sa pulpe est d'un blanc jaunâtre. Il peut se garder beaucoup plus longtemps que les deux variétés précédentes, mais il ne faudrait pas aller trop loin dans ce sens.

Jus. — Doux-amer, bien coloré. Il présente une composition chimique analogue aux deux précédentes variétés en ce qui concerne le sucre et l'acidité, mais, par contre, il est beaucoup plus chargé en tannin et beaucoup moins en matières pectiques.

On peut l'employer pour « nourrir » les vieux cidres, mais il convient de l'ajouter en moins grande quantité que celui du *Blanc-Mollet* et du *Doux-Évêque*. Il pourrait à lui seul donner une excellente boisson à consommer immédiatement.

Pommes de deuxième saison.

Nous avons montré quels étaient les avantages offerts par les pommes de première saison ; mais quand il s'agit de faire du cidre de garde, du *maître-cidre*, c'est aux pommes de deuxième et de troisième saison, que nous allons décrire, qu'il faut s'adresser.

1° *Binet-Rouge.*

Arbre. — Très fertile, rustique, vigoureux, bois dur. Tête arrondie. Ne pousse que très lentement dans les terrains peu riches.

Floraison. — Fin avril ou commencement de mai. Ne craint pas les intempéries.

Fruit. — Moyen, régulier, jaunâtre lavé de rouge vif. Pulpe blanche, ferme. Supporte bien le transport, surtout quelques jours après la récolte.

Jus. — Amer-doux, assez coloré mais se décolorant après la fermentation. Bien parfumé. L'analyse chimique lui assigne, par litre, les caractéristiques suivantes (densité: 1.074):

Sucre total.	157 gr.
Tannin	2,5
Mucilage	18
Acidité	1,2

C'est une excellente variété ; mais si on la conservait trop longtemps, il y aurait à redouter la formation d'une grande quantité de matières pectiques qui nuirait à la limpidité du cidre produit.

2° *Bramtôt* (souvent appelé *Martin-Fessart*). (Pl. 1 et 11.)

Arbre. — Très rustique, très vigoureux, très fertile. Bois dur. Tête pyramidale.

Floraison. — Commencement de mai.

Fruit. — Moyen, assez régulier ; jaune ou, pour mieux dire, à épiderme un peu rugueux, jaune verdâtre avec un peu de rouge brique. Pulpe blanche, ferme. Se transporte facilement. Conservé jusqu'à la moitié du mois de novembre, il acquiert un parfum très pénétrant ; mais il ne faut pas dépasser cette époque sous peine de voir la pulpe devenir cotonneuse.

Jus. — Amer, abondant, s'exprimant bien, parfumé, un peu pâle. Il ne faut pas brasser cette variété seule, car elle donnerait un cidre trop peu chargé en couleur, ce qui le ferait rejeter par le consommateur. L'employer en mélange avec les fruits mucilagineux et manquant de tannin.

A l'analyse on trouve en moyenne par litre de jus (densité : 1.077) :

Sucre total.	169 gr.
Mucilage	3
Acidité	2,1
Tannin	5,2

3° *De Boutteville.*

Arbre. — Sain, rustique et vigoureux, assez fertile. Bois tendre. Tête demi-pyramidale.

Floraison. — Dans les premiers jours de mai.

Fruit. — Moyen, irrégulier, rouge jaunâtre à épiderme jaune lavé et souvent vergeté de carmin. Pulpe d'un blanc jaunâtre, ferme. Supporte bien le transport.

Jus. — Amer, très parfumé, d'une couleur assez variable. Il correspond à l'analyse moyenne suivante par litre (densité : 1.076) :

Sucre total.	160 gr.
Tannin	3,85
Mucilage	9,50
Acidité	1,20

4° *Doux-Normandie.*

Arbre. — Sain, vigoureux et fertile. Bois demi-dur. Tête pyramidale.

Floraison. — Courant de juin.

Fruit. — Moyen, assez régulier, rouge, à épiderme mi-lisse et mi-rugueux, plaqué et vergeté de carmin. Pulpe d'un blanc jaunâtre très ferme. Supporte bien le transport.

Jus. — Doux, parfumé, très coloré donnant un cidre des plus agréables à l'œil. Sa composition chimique est, en moyenne, la suivante par litre (densité : 1.076) :

Sucre total.	161 gr.
Tannin	1,6
Mucilage	4,5
Acidité	1,2

Cette pomme donnera toujours, soit seule, soit en mélange, un cidre qui « rappellera son buveur ». Comme elle manque de tannin, il conviendra de l'associer à la *Bramtôt* ou à la *Médaille d'or*.

5° **Godard.** (Pl. III et IV.)

Arbre. — Très sain, très vigoureux et très fertile. Bois dur. Tête à aspect presque sphérique.

Floraison. — Dans la deuxième quinzaine de mai.

Fruit. — Petit, irrégulier, rouge-verdâtre, à épiderme assez fortement lavé et plaqué de rouge brique avec des pointillés roux. Pulpe d'un blanc jaunâtre, ferme. Peut se garder longtemps et supporte très bien le transport.

Jus. — Doux-amer, très coloré et correspondant à l'analyse moyenne suivante (densité : 1.078) :

Sucre total.	163 gr.
Tannin	4,4
Mucilage	11,2
Acidité	1,5

6° **Joly-Rouge.**

Arbre. — Très rustique, très sain, très vigoureux, très fertile. Bois tendre. Tête pyramidale. Réussit très bien dans les terres fortes ou peu riches.

Floraison. — Fin mai.

Fruit. — Gros, très irrégulier, rouge, à épiderme rugueux. Pulpe d'un blanc jaunâtre. Supporte très bien le transport.

Jus. — Doux-amer, très abondant, parfumé, très chargé en couleur, donne un cidre blond rougeâtre très agréable à l'œil. Il correspond à l'analyse moyenne suivante par litre (densité : 1.067) :

Sucre total.	143 gr.
Tannin	2,100
Mucilage	5
Acidité	1,102

7° **Launette-Jaune.**

Arbre. — Rustique, sain, vigoureux, fertile. Bois tendre. Les branches tendent à s'infléchir sous le poids de la récolte. Tête tantôt arrondie, tantôt pyramidale.

Floraison. — Dernière quinzaine d'avril.

Fruit. — Moyen, assez régulier, jaune, à épiderme lisse, nuancé de vert, assez rarement carminé mais parsemé d'un léger pointillé gris roux. Pulpe d'un blanc jaunâtre.

Jus. — Amer, parfumé, faiblement coloré. A l'analyse il se montre très riche en tannin, ce qui le rend très propre à entrer en mélange avec les variétés pauvres en cet élément.

8° **Médaille-d'or.** (Pl. v et vi.)

Arbre. — Rustique, sain, très vigoureux, extrêmement fertile. Bois tendre, grêle, ployant facilement sur le poids de la récolte.

Floraison. — Première quinzaine de juin.

Fruit. — Tantôt gros, tantôt petit, assez régulier. Gris-roux. Pulpe d'un blanc jaunâtre. Se conserve et supporte très bien le transport.

Jus. — Très amer, peu coloré. Convient très bien pour les mélanges ou pour le bouilleur de crû.

L'analyse lui assigne la composition suivante par litre (densité : 1.090) :

Sucre total	186 gr.
Tannin	11
Mucilage	8
Acidité	2.2

Pommes de troisième saison.

1° **Bédange** (*Bédan, Bec-d'Angle, Calotte, Ameret*). (Planches vii et viii.)

Arbre. — Sain, rustique, vigoureux, très fertile. Bois dur. Branches fortes. Tête arrondie.

Floraison. — Fin mai.

Fruit. — Moyen, assez régulier, jaune verdâtre pointillé de rouge ou de noir. Pulpe blanche très ferme. Supporte bien le transport.

Jus. — Amer, bien parfumé et bien coloré, mais cette couleur disparaît après la fermentation.

La densité du moût descend rarement au-dessous de 1.060 ; elle s'élève souvent au-dessus de 1.070. La dose du tannin et celle de l'acidité y sont toujours dans des limites excellentes.

La *Bédange* rend surtout des services dans les mélanges.

2° **Binet-Blanc** (*Binet-doré, Hébert, De-Ry, Verte-Reine*).

Arbre. — Sain, rustique, assez vigoureux, fertile. Bois tendre. Tête arrondie.

Floraison. — Première quinzaine de mai.

Fruit. — Moyen, régulier, jaune un peu grisâtre et carminé. Pulpe blanche légèrement jaunâtre, ferme. Supporte très bien le transport.

Jus. — Doux, moyennement coloré, assez parfumé. Il correspond à l'analyse suivante par litre (densité : 1.075) :

Sucre total.	171 gr.
Tannin	1,9
Mucilage	4,2
Acidité	1,1

3° **Doux-Véret** (*Argile-Grise, Rouge-Bruyère*).

Arbre. — Sain, vigoureux, très fertile. Bois dur. Tête plutôt arrondie.

Floraison. — Deuxième quinzaine de mai.

Fruit. — Petit, très irrégulier, gris-roux, à épiderme rugueux. Pulpe d'un blanc-jaunâtre, très ferme. Supporte très bien les transports.

Jus. — Doux-amer, parfumé et très coloré. Il faut le réserver pour faire de l'alcool, car la grande quantité de mucilage qu'il contient donnerait un cidre louche. On peut cependant l'utiliser avantageusement en mélange avec d'autres variétés. A l'analyse on trouve les résultats suivants par litre (densité : 1.076) :

Sucre total.	179 gr.
Tannin	2,30
Mucilage	15,65
Acidité	2,11

4° **Fréquin-Audièvre.** (Pl. IX et X.)

Arbre. — Sain, vigoureux, fertile. Les branches ont une tendance à s'infléchir sous le poids de la récolte. Bois tendre. Tête semi-arrondie.

Floraison. — Deuxième quinzaine de mai.

Fruit. — Moyen, assez régulier, rouge, à épiderme jaune lavé de vert et plaqué de rouge. Pulpe d'un blanc-jaunâtre ferme. Supporte très bien les transports.

Jus. — Amer-doux, très coloré et très parfumé. Il correspond à l'analyse moyenne suivante par litre (densité : 1.076) :

Sucre total. . . . . . 151 gr.
Tannin 3
Mucilage 15.500
Acidité 0,625

5° **Fréquin-Tardif** (*Tardive de la Sarthe*, *Fréquin-d'hiver*, *Gros-Fréquin-d'hiver*).

Arbre. — Rustique, sain, très vigoureux, très fertile. Branches fortes. Bois dur. Tête pyramidale.

Floraison. — Dernière quinzaine de mai.

Fruit. — Moyen, assez régulier, jaune, à épiderme jaune verdâtre parsemé de rouge. Pulpe d'un blanc-jaunâtre donnant un jus abondant. Se conserve et se transporte très bien.

Jus. — Amer, parfumé, bien coloré accusant la composition suivante par litre (densité : 1.067) :

Sucre total . . . . . . 148 gr.
Tannin 4.7
Mucilage 5,2
Acidité 2,3

6° **Grise-Dieppois**.

Arbre. — Sain, rustique, vigoureux, fertile. Bois dur. Tête pyramidale.

Floraison. — Première quinzaine de mai.

Fruit. — Petit, assez régulier, gris-roux lavé de rouge-brique. Pulpe blanche, très ferme. Supporte bien les transports.

Jus. — Amer-doux, parfumé et bien coloré. Convient très bien pour la fabrication de l'eau-de-vie ou en mélange avec des jus de faible densité. A l'analyse, il accuse par litre (densité : 1.094) :

Sucre total . . . . . . 202 gr.
Tannin 3,70
Mucilage 16,11
Acidité 1,60

7° *Moulin-à-vent.*

Arbre. — Sain, très fertile, rustique et vigoureux. Bois demi-dur. Tête tantôt arrondie, tantôt pyramidale. Exige des sols profonds.

Floraison. — Commencement de mai.

Fruit. — Moyen, très irrégulier, gris-roux, à épiderme rugueux jaune-verdâtre. Pulpe d'un blanc-jaunâtre, ferme. Se conserve longtemps et supporte très bien les transports.

Jus. — Doux, bien coloré et parfumé. Correspond à la composition suivante par litre (densité : 1.073) :

Sucre total	165 gr.
Tannin	3,500
Mucilage	10,600
Acidité	2,125

8° *Peau-de-vache nouvelle* (*Peau-de-vache musquée*).

Arbre. — Rustique, sain, vigoureux, fertile. Bois demi-dur. Tête arrondie.

Floraison. — Fin mai.

Fruit. — Moyen, assez régulier, rouge-verdâtre, à épiderme pointillé de gris. Pulpe blanche auréolée de vert, ferme. Supporte bien les transports.

Jus. — Doux, parfumé, très coloré. Contient trop de mucilage et pas assez de tannin. Demande à être mélangé avec des moûts riches en ce dernier élément.

9° *Reine-des-pommes* (*Doux-Geslin*).

Arbre. — Rustique, sain, vigoureux, fertile. Bois dur. Tête pyramidale.

Floraison. — Derniers jours d'avril.

Fruit. — Moyen, régulier, rouge, assez rugueux. Pulpe blanche, ferme. Se conserve longtemps et se transporte très bien.

Jus. — Amer, médiocrement coloré, très parfumé, accusant par litre (densité : 1.090) :

Sucre total	191 gr.
Tannin	5,10
Mucilage	8,41
Acidité	0,90

10° *Rouge-de-Trêves*.

L'Allemagne vient chaque année chercher chez nous de grandes quantités de pommes; mais le goût allemand n'est pas le goût français. De l'autre côté du Rhin on exige des pommes aigres et, parmi celles-ci, la plus estimée est la *Rouge-de-Trêves*. Son introduction dans les vergers permettra aux agriculteurs français de réaliser de gros bénéfices en dirigeant leurs produits sur Stuttgart ou Francfort.

Arbre. — Très vigoureux, très fertile, donnant une récolte à peu près tous les ans, peu difficile sur la nature du sol, prospère sur les plateaux élevés et résiste bien aux intempéries. Bois dur. Tête pyramidale.

Floraison. — Deuxième quinzaine de mai. Les fleurs ne craignent pas la gelée.

Fruit. — Gros, irrégulier, rouge, légèrement jaune-verdâtre avec quelques points de gris-roux. Pulpe d'un blanc-verdâtre, très ferme, produisant beaucoup de jus. Supporte bien les transports.

Jus. — Acide, peu parfumé et peu coloré. Il titre en moyenne par litre (densité : 1059) :

Sucre total.	124 gr.
Tannin .	0,2
Acidité .	12
Mucilage	5

11° *Rousse-Latour* (*Rousse-de-l'Orne*).

Arbre. — Rustique, sain, vigoureux, fertile. Tête pyramidale.

Floraison. — Fin mai ou premiers jours de juin.

Fruit. — Moyen, assez régulier, gris-roux, à épiderme rugueux et vert-jaunâtre. Pulpe d'un blanc auréolé de vert, très ferme. Supporte bien les transports.

Jus. — Doux, peu abondant, peu coloré. Sa haute densité (1.089) la fait recommander pour la fabrication de l'eau-de-vie. En mélange avec les variétés riches en couleur et en tannin, elle donne un excellent cidre.

Poires de première saison.

Nous avons dit plus haut qu'il était à déplorer que la culture du poirier ne s'étendit pas davantage à cause des multiples avantages qu'elle présente. C'est ce qui nous engage à donner la monographie des cinq variétés que nous considérons comme les plus méritantes et les plus aptes à être propagées un peu partout.

Hecto (*Poire de bonne espèce, Catillon.*)

Arbre. — Très vigoureux, très rustique et excessivement fertile. Ne convient pas aux terres fortes.

Fruit. — Irrégulier, à épiderme jaune-verdâtre, fortement marbré de gris-roux, affecte souvent la forme de la pomme.

Pulpe. — D'un blanc-jaunâtre auréolé de vert. Juteuse, fournissant un jus ambré mais un poiré incolore, peu acide et peu âpre.

A l'analyse ce jus accuse, d'après M. Truelle, les caractéristiques suivantes, par litre (densité : 1.051) :

Sucre total fermentescible	105 gr, 569
Tannin	1, 488
Matières pectiques	2, 575
Acidité	3, 612

On peut recommander de ne pas conserver longtemps les fruits de l'*Hecto*, car ils blettissent très rapidement.

Cette variété convient peu pour les cidres mousseux.

Poires de deuxième saison.

1° **Carisi-blanche** (*Pochon, Pochon blanc*).

Arbre. — Très rustique, sain, fertile et vigoureux.

Fruit. — Assez régulier, très plat, à épiderme lisse, jaune pointillé de vert.

Pulpe. — Blanc-jaunâtre, très cassante, âpre, très juteuse, parfumée, donnant un jus incolore. Avant de la brasser, il faut la laisser blettir ; sans cela elle fournirait un poiré beaucoup trop âpre.

Elle peut rendre de grands services pour clarifier les moûts de cidre lents à s'éclaircir ; cette propriété lui est commune avec la *Huchet.*

On peut lui assigner la composition chimique moyenne suivante (densité : 1.061) :

Sucre total fermentescible.	115 ᵍʳ, 552	
Tannin.	5	604
Matières pectiques	6	
Acidité.	3	

La *Carisi* peut fournir un poiré pour la clarification des moûts de cidre, pour la chaudière ou pour la bouteille, suivant son degré de maturité.

2° *Courcou* (*Court-cou, de Branche*).

Arbre. — Sain, vigoureux et fertile.

Fruit. — Petit ou moyen, sphérique, pomiforme. Épiderme jaune-roux abondamment pointillé de gris. Cette variété (qui en réalité en comporte deux : le *court-cou gros* et le *court-cou petit*) était qualifiée par J. Morière « la reine des poires de Clécy », le meilleur des crûs de poiré du Calvados.

Pulpe. — Blanche, grenue, très ferme, très juteuse et très parfumée. A l'analyse on a (densité : *courcou gros,* 1.048-1.049 ; *courcou petit,* 1.046-1.063) :

	Courcou gros.		Courcou petit.	
Sucre total fermentescible. . .	106 ᵍʳ, 4	127 ᵍʳ, 1	92 ᵍʳ, 6	140 ᵍʳ, 3
Tannin	1,93	5,87	1,46	0,34
Matières pectiques	3,4	2,2	5,8	6,4
Acidité	5,50	6,21	5,32	9,32

Poires de troisième saison.

1° *Ente-Tricotin* (*Antricolin, Lantricolin*).

Arbre. — Très sain, très vigoureux et très fertile.

Fruit. — Moyen ou gros, assez régulier, piriforme, à épiderme jaune-verdâtre fortement piqueté de gris-roux.

Pulpe. — Blanche, très âpre, grenue, acidulée, très fine-
ment parfumée, donnant un jus répondant à la composition
suivante par litre (densité : *ente-tricotin gros*, 1.051 ; *ente-tricotin
petit*, 1.041-1.060) :

	Ente-Tricotin gros.	Ente-Tricotin petit.	
Sucre fermentescible	104 gr	91 gr,5	132 gr,2
Tannin	0,75	5,37	0,70
Matières pectiques	6,4	5,3	5,5
Acidité	5,32	9,32	8,14

2° *Ivoie* (*Diavie, Poire-d'angoisse*).

Arbre. — Très rustique, très vigoureux, très fertile.

Fruit. — Très gros, régulier, piriforme, à épiderme jaune
pointillé de roux, légèrement rouge sur la partie exposée aux
rayons solaires. Pulpe d'un blanc-jaunâtre, ferme, parfumée,
peu âpre et donnant un jus ambré abondant.

Avec cette variété on peut obtenir un excellent poiré pour
la bouteille. Ce poiré, quand il est bien préparé, peut être
aisément confondu avec le vin blanc. M. Truelle assigne à
cette excellente variété la composition moyenne suivante par
litre de jus (densité : 1.059) :

Sucre fermentescible	120 gr, 205
Tannin	2,612
Matières pectiques	2,316
Acidité	2,726

3° *Souris* (*Poire-de-Souris*).

Arbre. — Très rustique. Très sain et très vigoureux. Excessivement fertile surtout dans la région du Nord.

Fruit. — Présentant, tantôt l'aspect régulier d'une poire,
tantôt celui d'une pomme. Epiderme verdâtre plaqué de roux.

Pulpe. — D'un blanc-jaunâtre, très juteuse, très âpre, fortement parfumée.

M. Truelle lui assigne la composition moyenne suivante
(densité : 1.064) :

Sucre total fermentescible	142 gr.
Tannin	10,71
Matières pectiques	Traces.
Acidité	1,37

VII. — VARIÉTÉS RÉGIONALES

Dans le chapitre précédent nous n'avons fait entrer que des variétés scrupuleusement étudiées et qui peuvent convenir à tous les centres cidriers; mais le planteur trouvera, sinon dans sa ferme du moins dans sa région, d'autres variétés très méritantes.

C'est pour faciliter son choix que nous donnons ci-après, par région et par département, la liste des variétés que nous considérons comme les meilleures. Leurs noms sont bien connus des agriculteurs : cela nous dispensera de faire leur monographie. Nous insisterons seulement sur les variétés peu connues mais qui, malgré cela, sont très recommandables.

Variétés régionales de Pommes.

Bretagne. — (Côtes-du-Nord, Finistère, Ille-et-Vilaine, Loire-Inférieure, Morbihan).

1° *COTES-DU-NORD*.

Les arrondissements de Saint-Brieuc, Dinan et Loudéac sont les plus importants pour la production cidrière.

Les variétés les plus réputées dans la région sont :

Vilbery. — Vigoureux et fertile mais demandant un sol argilo-siliceux, sain et profond.

Offriche-Guen (*Aufriche, Offriche glan*). — Donne un jus coloré de bonne composition. Elle appartient à la troisième saison de maturation. Fertile et vigoureux.

Cahouet. — Fertile et vigoureux.

Chevalier. — Donne un cidre bien parfumé.

2° FINISTÈRE.

La légende bretonne veut que ce soit vers le vᵉ siècle que le cidre ait été fabriqué pour la première fois dans la presqu'île de Crozon.

Les variétés les plus recommandables sont :

C'huero-Ru-mod-Couz. — Deuxième floraison, deuxième maturation. Fertile et rustique ; elle donne un excellent cidre amer.

C'huero-Bris. — Deuxième floraison, deuxième maturation. Très rustique. Donne un excellent cidre bien coloré et amer.

Trojeu-hir. — Fournit un cidre excellent, très bouqueté.

Rouz-Coumoulen. — Cette variété présente une très grande analogie avec l'argile des autres centres cidriers.

C'huero-Rouz-Cornic. — Arbre d'une grande vigueur, d'une bonne fertilité et donnant d'excellent cidre.

Stang-Ru. — C'est la *Médaille-d'or* de la région.

Arbre vigoureux, fertile et rustique. Donne un cidre très amer et bien coloré.

Kermerriou. — Variété très juteuse et très parfumée.

Arbre vigoureux et fertile à bois tendre ; deuxième saison de maturation.

Roquet. — D'une très grande fertilité. Arbre assez vigoureux, à bois tendre.

Bacon (*Bacon blanc tardif*). — D'une grande fertilité et d'une bonne vigueur. Appartient à la deuxième saison de maturation.

Citons encore les variétés bien connues se recommandant par leur fertilité et la qualité de leurs fruits : *Avalon-Belcien, Bonnic-Bihau, Dordor, Doux-Rousse, Saodi-Brass.*

3° ILLE-ET-VILAINE.

L'Ille-et-Vilaine est le département français qui produit le plus de pommes.

Le Marais de Dol fournit presque toujours régulièrement une récolte abondante ; malheureusement la qualité de ses fruits laisse un peu à désirer. La Guerche, Vitré, Argentré fournissent au contraire des cidres de toute première qualité.

Les variétés que nous recommandons surtout de propager sont les suivantes.

Bédange. — Décrite dans les *variétés fondamentales* (v. p. 85) et semblant se trouver en Ille-et-Vilaine dans son pays de prédilection.

Amère-de-Berthecourt (Pl. xi-xii). — Arbre vigoureux, sain et fertile, donnant un fruit de bonne conservation et résistant bien aux transports. Jus d'excellente qualité.

Docteur-Blanche (Pl. xiii-xiv). — Arbre très vigoureux, très sain, productif. Fruit de première qualité et de première saison de maturation.

Doux-Amer-Gris (Pl. xv-xvi). — Variété extrêmement remarquable par sa vigueur et sa fertilité. Sa forme élancée en fait un arbre excellent pour les pâturages. Fruit de très grande valeur; troisième saison de maturation.

Petit-Doux (Pl. xvii-xviii). — Arbre vigoureux et sain, produisant régulièrement tous les deux ans.

Gilet-Rouge *(Teinière, Rougette, Diot-Rouge).* (Pl. xix-xx). — Arbre très vigoureux, sain. Fruit de troisième maturation, donnant un jus abondant, parfumé et très agréable.

Jambe-de-lièvre (Pl. xxi-xxii). — Arbre très vigoureux, à branches verticales, excessivement fertile.

Doux-Joseph. — Très grande fertilité et végétation particulièrement luxuriante.

Viennent ensuite : *Médaille-d'or, Temple, Douze-au-Gobet, Fréquin-de-Saint-Germain, Chérubine, Bellair-de-Fougères, Fou-d'à-Haut.*

Ces variétés se recommandent par leur vigueur, leur fertilité et la qualité du cidre qu'elles donnent.

4° *LOIRE-INFÉRIEURE.*

C'est surtout dans les arrondissements de Chateaubriand et de Saint-Nazaire que la culture du pommier est particulièrement importante.

Nous recommandons, avec M. Andouard, les variétés suivantes, qui se font remarquer par leur vigueur, leur fertilité, la coloration et la qualité du jus fourni : *Bouquet, Canalé, Delphine, Dubochet, Nez-de-Chat, Piment, Quenin-Gros.*

5° *MORBIHAN.*

C'est surtout dans l'arrondissement de Ploermel que la

culture des pommiers à cidre est florissante ; l'arrondissement de Vannes vient ensuite.

Les variétés les plus recommandables sont les suivantes :

Ploermelaise. — L'arbre est rustique, sain, vigoureux et fertile. Convient très bien pour entrer en mélange avec les fruits pauvres en tannin ; deuxième saison de maturation.

Rolette. — C'est une variété d'un grand mérite à tous les points de vue. Elle donne un jus bien coloré mais manquant un peu de parfum ; troisième saison de maturation.

Peau-de-Crapaud. — Donne un jus pâle mais bien parfumé. Ce sont surtout sa vigueur et sa fertilité qui la font rechercher ; deuxième saison de maturation.

Gerbandais. — Fournit un jus très pâle, mais, grâce à l'acidité qu'elle contient, permet d'obtenir des cidres fermentant très bien et s'éclaircissant rapidement.

Signalons encore parmi les bonnes variétés : *Demanchère* et *Rat-d'or.*

Normandie (Calvados, Eure, Manche, Orne, Seine-Inférieure).

1° *CALVADOS.*

Le Calvados renferme, sinon la totalité du Pays d'Auge, au moins la plus grande partie, et Pont-l'Évêque en est considéré comme le chef-lieu incontesté. Cette région est la première, aujourd'hui, au point de vue de la renommée de ses pommes qui font prime, ainsi que ses cidres, sur tous les marchés et notamment à Paris (1).

Parmi les bonnes variétés recommandables nous choisirons, en nous inspirant du *Guide pratique des meilleurs fruits de pressoir employés dans le Pays d'Auge,* de M. Truelle :

Bon-Ordre. — Arbre très rustique, très sain, très vigoureux et très fertile. Fruit de première saison de maturation ; excellent pour les recoupages.

Girard. — Très fertile mais peu vigoureux. Fruit riche en sucre et en tannin ; appartient à la première saison de maturation. Ne doit pas servir aux recoupages, mais être mélangé avec des pommes de première saison et riches en mucilage.

(1) TRUELLE, *Agriculture Moderne.*

Petit-Doucet. — Arbre excellent sous tous les rapports. Ses fleurs résistent bien aux gelées. Son fruit se conserve longtemps. Convient parfaitement pour les recoupages; première saison de maturation.

Bisquet. — Arbre supérieur sous tous les rapports. Peut produire une moyenne de 2 à 3 hectolitres de fruits par an; deuxième saison de maturation.

Cimetière. — Arbre supérieur sous tous les rapports. Fruit de deuxième saison de maturation pouvant se garder très longtemps et se transporter très facilement. Il donne un jus très coloré.

Domaines. — Arbre rustique, sain, vigoureux, se faisant remarquer par sa fertilité. Fruit de deuxième saison de maturation donnant un jus très coloré. *C'est un teinturier par excellence.*

Fréquin-Rouge. — Arbre se faisant surtout remarquer par sa fertilité. Le fruit est de la deuxième saison de maturation.

Gros-Matois-rouge. — Fruit de deuxième maturation donnant un jus d'un parfum très pénétrant et très caractéristique. L'arbre manque un peu de fertilité.

Herbage-sec. — Fruit de deuxième maturation. Riche en sucre.

Longuet. — Arbre très rustique, très sain, très vigoureux, fertile; le fruit appartient à la deuxième saison de maturation.

Saint-Philibert. — L'arbre est d'une grande vigueur et d'une fertilité remarquable. Le fruit appartient à la deuxième saison de maturation et jouit d'une composition chimique bien équilibrée.

Aufriche. — Troisième saison de maturation. Fruit teinturier.

Bouteille. — Arbre supérieur sous tous les rapports. Ne redoute aucun terrain ni aucune exposition.

> « Celui qui dans son clos possède la *Bouteille*
> A récolte de fruits à nulle autre pareille ».

Le fruit est de troisième maturation; sa composition est bonne.

Citron de Pont-l'Évêque. — Arbre rustique et fertile. Fruit de troisième saison de maturation. Excellent.

Meaugris. — Arbre fertile, vigoureux et rustique.

Citons encore, parmi les bonnes variétés : *Or-Milcent* et *Rousse-Latour*.

2° EURE.

L'Eure ne donne guère que des cidres d'une valeur moyenne. Cependant il serait facile d'en obtenir d'excellents avec les variétés *Matois* et *Binet* qui font merveille dans le département.

Nous conseillons de propager les variétés suivantes.

Gros-Matois blanc et rouge. — Le *Gros-matois blanc* est de la deuxième saison de maturation. L'arbre qui le porte est sain, fertile et vigoureux. Son fruit donne un jus parfaitement coloré et d'excellente composition.

Le *Gros-matois rouge* est à cheval sur la deuxième et la troisième saison de maturation. Donne un excellent jus bien coloré.

Binet-blanc (voir à *Variétés fondamentales*, p. 86).

Binet-d'Harcourt (*Binet-d'Arcourt*). — Appartient à la troisième saison de maturation. Son fruit donne un jus très parfumé.

Terrier-gris. — Se recommande par sa fertilité et sa vigueur.

3° MANCHE.

Les pommes de la Manche fournissent, en général, un jus d'une densité assez faible, mais le cidre obtenu est très bouqueté et très limpide. C'est le *cidre des gourmets*. Les environs d'Avranches donnent des produits particulièrement remarquables. Les meilleures variétés à propager sont les suivantes :

Douze-au-Gobet.

Fruit. — Moyen, assez régulier, à épiderme d'un vert glauque parsemé de marbrures gris roux.

Arbre. — Vigueur moyenne, très rustique, sain, très fertile. Il n'est pas sensible aux intempéries et résiste bien aux vents. Ses branches sont montantes; bois dur. Aime surtout les sols argilo-schisteux.

Floraison. — Milieu de mai.

Maturation. — Vers le 15 novembre.

Jus. — Excellent, doux, parfumé.

Doux-Lozon.

Fruit. — Régulier, à épiderme jaune-grisâtre très largement lavé de carmin.

Arbre. — Moyenne vigueur, à branches retombantes. Fertile, surtout quand il est abrité.

Floraison. — Vers le 15 mai.

Maturation. — Fin novembre.

Jus. — Très agréable au goût. Donne un cidre clair limpide, arôme très caractéristique.

Clozette.

Fruit. — Epiderme jaune-verdâtre pointillé de gris-roux lavé de rouge.

Arbre. — Très vigoureux, très rustique ; ne craint pas les coups de vent ; très fertile. Bois dur. Aime les terres argileuses.

Floraison. — Fin mai.

Maturation. — Novembre-décembre.

Jus. — Très coloré ; donne un cidre se conservant longtemps doux.

Crollon.

Fruit. — Gros, à épiderme jaune rayé de rouge.

Arbre. — Très vigoureux, sain, rustique, régulièrement fertile.

Floraison. — Milieu de mai.

Maturation. — Fin octobre et novembre.

Jus. — Assez mucilagineux.

En dehors de ces quatre variétés, qui à elles seules peuvent donner entièrement satisfaction aux planteurs de la Manche et qui donnent le fameux cidre de l'Avranche, il convient de citer les variétés suivantes qui, se recommandant pour leur fertilité ou la qualité des cidres produits.

Petit-Doux sucré (Pl. xxiii-xxiv). — Fertilité excessive. Arbre sain.

Doux-Fréquin (Pl. xxv-xxvi). — Arbre très fertile, sain et vigoureux.

Champ-Fortin. — Très estimée dans l'arrondissement de Mortain, tend à se propager dans tout le département.

Mariette. — Donne des fruits ressemblant parfaitement à des œufs. L'arbre est à branches ascendantes et, par suite, convient très bien pour les herbages.

Gris-mêlé. — Donne un cidre très parfumé ; deuxième saison de maturation.

Pétrat (*Fréquin-Pétral, Fréquin de Saint-Lô*). — Donne un jus qui fermente très bien et très vite. Cidre très coloré, très sucré. Branches ascendantes.

Diard. — Variété extra-fertile et extra-rustique. Fruit très aqueux, de faible densité. Se caractérise par les tubérosités qu'il porte autour de l'œil.

Néhon. — Répandue dans l'arrondissement de Cherbourg. Variété hâtive mûrissant en septembre.

4° ORNE.

Là, plus que partout ailleurs, les pommes amères dominent : c'est le département de l'amertume. Les cidres ornais sont de bonne garde, mais peut-être un peu amers (1). »

Parmi les variétés les plus réputées citons les suivantes :

Amer-de-l'Orne (*Amère-rouge de l'Orne*). — Arbre vigoureux et fertile. Fruit appartenant à la troisième époque de maturation, donnant un jus bien équilibré sous tous les rapports.

Bataille. — Arbre rustique, sain, vigoureux et fertile ; bois dur. Le fruit appartient à la deuxième saison de maturation ; il donne un cidre très agréable à l'œil et au palais.

Bérat. — Arbre très rustique, assez fertile ; bois dur. Fruit de deuxième saison. Très apte aux transports, riche en tannin ; fournit un excellent cidre.

Rousse-de-l'Orne. — Arbre surtout très vigoureux et très fertile. Fruit de troisième saison, très riche en sucre. Fournit un cidre alcoolique.

5° SEINE-INFÉRIEURE.

Ce département à un rôle hors pair dans la restauration du verger à cidre français. Le nom de *Hauchecorne*, l'initiateur, ceux de *Legrand*, de *Godard*, de *Dieppois*, de *Lacaille*, les metteurs en œuvre, sont dans la bouche de tous les pomologues. Parmi les bonnes variétés à propager, nous choisirons les suivantes :

Jaunet-Pointu. — Arbre vigoureux. Fruit de première saison de maturation donnant un jus très parfumé et riche en sucre.

(1) TRUELLE, *Agriculture Moderne*.

Précoce-David. — Arbre très fertile, suffisamment rustique et vigoureux. Fruit de première saison, bien parfumé.

Reine-des-Hâtives. — Arbre vigoureux. Fruit de première saison de maturation. Donne un jus très parfumé mais un peu pâle.

Amère-de-Berthecourt et *Amer-Doux.* — Déjà décrits dans les variétés d'Ile-et-Vilaine (v. p. 95).

Muscadet-Rouge. — Arbre fertile et Vigoureux. Fruit de troisième saison de maturation donnant un jus bien équilibré sous tous les rapports.

Rossignol. — Arbre vigoureux et excessivement-fertile. Fruit de deuxième maturation très riche en sucre et en tannin.

Ecarlatine. — Fruit de deuxième saison de maturation donnant un jus parfumé, abondant, mais pauvre en sucre.

Voyageur. — Arbre fertile et très vigoureux. Fruit de deuxième saison de maturation, donnant un jus parfumé, surtout riche en tannin et en sucre.

Vice-Président-Héron. — Se signale par sa grande fertilité, sa richesse en sucre et en tannin. Appartient à la troisième saison de maturation.

Bédan-des-Parts. — Arbre fertile et vigoureux. Fruit de troisième saison, riche en acidité, ce qui fait qu'il donne des moûts s'éclaircissant très vite.

Galopin (Pl. xxvii-xxviii). — Arbre très vigoureux, de premier mérite.

Saint-Laurent (Pl. xxix-xxx). — Vigoureux et fertile.

Argile-grise (Pl. xxxi-xxxii). — Arbre très vigoureux et très sain, d'une bonne fertilité. Fruit de troisième saison de maturation, très riche en sucre.

Rousse-Latour. — Arbre surtout rustique et fertile. Fruit de troisième saison de maturation. Très riche en sucre et en tannin.

Terrier-gris. — Arbre vigoureux. Fruit de troisième saison de maturation. Excellent sous tous les rapports.

Ambrette. — Arbre très vigoureux et fertile. Fruit de deuxième saison de maturation donnant un jus abondant, bien parfumé et d'une bonne composition chimique.

Autres centres cidriers importants. — Oise, Pas-de-Calais, Sarthe, Somme.

1° *RÉGION DU NORD* (Aisne, Pas-de-Calais, Somme, Oise).

C'est la *Picardie*. Les principaux centres de production sont : La Thiérache (arrondissements de Saint-Quentin et Vervins) dans l'Aisne ; l'arrondissement de Montreuil dans le Pas-de-Calais ; Le Vimeux (Saint-Valery-sur-Somme) et Le Ponthieu (Abbeville) dans la Somme ; les arrondissements de Beauvais, Clermont et Compiègne dans l'Oise.

Les variétés qui conviennent particulièrement à cette région sont :

Armagnac. — Arbre très rustique, vigoureux, productif. Bois demi-dur. Floraison en mai. Le fruit est surtout riche en sucre. Cette variété convient très bien pour la préparation du cidre destinée à la bouteille.

Amère-Nouvelle. — Arbre très rustique, très vigoureux et très productif. Bois dur. Floraison en mai. Le fruit est amer. A réserver pour le cidre de conserve.

Argile. — Arbre vigoureux, rustique et fertile. Bois demi-dur. Floraison en mai. Fruit amer sucré. A réserver pour le cidre de conserve.

Vilbéry. — Arbre très rustique, vigoureux, fertile, à bois dur. Floraison en mai. Fruit amer-sucré, à réserver pour le cidre de conserve.

Belle-fille-rose. — Arbre très rustique, vigoureux et fertile, à bois demi-dur. Floraison en mai. Fruit sucré, donnant un excellent cidre mais pouvant aussi être utilisé comme pomme à couteau.

Chataignier. — Arbre très rustique, très vigoureux et très fertile, à bois demi-dur. Floraison en avril. Fruit sucré, acidulé. Comme la précédente, c'est une excellente pomme à deux fins.

Marabot. — Arbre très rustique, très vigoureux, excessivement fertile, à bois demi-dur. Floraison en mai. Fruit sucré donnant un excellent cidre de conserve.

Launette-grosse. — Arbre rustique, très vigoureux, excessivement fertile, à bois demi-tendre. Floraison en avril. Fruit sucré-amer donnant un bon cidre pour la consommation ordinaire.

Rosine. — Arbre rustique, très vigoureux, très fertile, à bois demi-dur. Floraison fin avril. Fruit sucré donnant un excellent cidre pour la bouteille.

Temple (*Pomme-du-Temple*). — Arbre rustique, très vigoureux et très productif, à bois demi-dur. Floraison en mai. Fruit sucré-amer donnant un excellent cidre pour la bouteille.

Panneterie. — Arbre très rustique, vigoureux, très productif, à bois dur. Floraison fin mai. Fruit amer donnant un cidre propre à la bouteille. C'est une des meilleures pommes de la région du Nord.

Reine-des-pommes (*Doux-Normandie, Bramtôt, Médaille-d'or, Amère-de-Berthecourt*). — Cette variété, déjà citée dans les bonnes pommes à cultiver dans l'Ille-et-Vilaine (v. p. 88), convient particulièrement au département de l'Oise dont elle est originaire.

2° SARTHE.

Les cidres de la Sarthe jouissent, dans certains centres, d'une excellente réputation, notamment à Paris. Ils possèdent une saveur et un arôme bien caractéristiques. Les courtiers allemands estiment beaucoup les pommes de cette région et viennent chaque année y faire d'importants achats.

On admet trois régions dans la Sarthe :

a) La *région des meilleurs cidres*. — Elle comprend le Nord et le Nord-Est, principalement l'arrondissement de Mamers ;

b) La *région des cidres moyens*. — Elle comprend le demi-Centre et le Sud-Est, surtout l'arrondissement du Mans, ainsi qu'une partie des arrondissements de Saint-Calais et de la Flèche ;

c) La *région des cidres ordinaires*. — Elle est formée par le Centre et le Sud, avec les arrondissements du Mans, de la Flèche et de Saint-Calais.

Cette répartition, adoptée au concours général agricole de Paris, est un peu rigoureuse. Il semble que tout le département pourrait fournir un excellent cidre. Pour cela nous préconisons la culture des variétés suivantes :

Marin-Oufroy. — Troisième floraison, troisième maturation. Arbres à branches horizontales. Fournit peu de jus, mais ce dernier possède une composition chimique excellente.

Fréquin-rouge. — Deuxième floraison, deuxième maturation. Arbre à branches obliques. Le fruit donne une grande quantité de jus excellent et d'extraction facile.

Fréquin-tardif. — Troisième floraison. Troisième maturation. Arbre à branches obliques. Le fruit riche en tannin donnera un jus servant à remonter les moûts pauvres en cet élément.

Fréquin-de-Normandie. — Arbre très vigoureux et très fertile. Fruit de troisième saison de maturation, donnant un cidre excellent.

Fréquin-à-trochets. — Arbre fertile donnant un cidre supérieur, très bien coloré. Fruit de deuxième saison de maturation.

Cohnaut. — Les fruits sont difficiles à abattre mais donnent un cidre clair et riche en alcool.

Gros-bois droit et petit-bois droit (*Monte-en-l'air*). — Arbre très vigoureux mais médiocrement fertile. Fruit appartenant à la deuxième saison de maturation. Donne un excellent cidre bien coloré.

Longraie. — Convient surtout pour les cidres marchands. L'arbre est très rustique et très vigoureux. Le fruit appartient à la troisième saison de maturation ; son jus est peu coloré.

Châtaigne. — Arbre fertile mais manquant un peu de vigueur. Fruit de troisième saison de maturation donnant un cidre excellent.

Doux-Hachet. — Fruit se conservant et se transportant très bien. Donne un cidre excellent, doux et bien coloré.

Petit-améré (*Petit-Jaunet*). — Excellent pour remonter les moûts pauvres en tannin. Fruit de première ou deuxième saison de maturation. Donne un rendement élevé d'un jus excellent.

Barbarie. — Très fertile. Très vigoureux et très rustique. Fruit de troisième saison de maturation jouissant d'une bonne réputation.

Gaboyeus. — Très vigoureux, très rustique, manquant un peu de fertilité. Le fruit est de la deuxième saison ; il donne un cidre excellent, mais long à s'éclaircir.

Marie. — Arbre très vigoureux et très fertile. Fruit de deuxième saison donnant un bon cidre.

Roquet. — Très fertile.

Rouge-vert. — Cette variété est surtout à recommander à cause de son grand rendement. Le fruit, qui appartient à la troisième saison de maturation, donne un cidre vif et acide.

Loca. — Egalement très fertile.

3º *MAYENNE*.

Les arrondissements de Laval et de Château-Gontier sont les meilleurs dans ce département, pour la production du cidre. Parmi les meilleures variétés, nous recommanderons tout spécialement la culture des suivantes :

Damelot. — Arbre très fertile et très vigoureux. Fruit de troisième saison de maturation. Donne un cidre riche en alcool.

Fréquin-rouge-petit. — Arbre très productif donnant un fruit de deuxième saison dont le moût est parfaitement équilibré sous tous les rapports.

Chérubine. — Arbre bien productif. Fruit de deuxième saison, peu riche en sucre mais donnant un cidre d'excellente qualité.

Fréquin-barré. — Arbre très rustique et excessivement productif. Fruit de deuxième saison et donnant un jus très bien équilibré quant à sa composition chimique.

Ecreux ou Œil-creux (*Tête-de-chat*). — Vigoureux et productif. Fruit de deuxème saison fournissant un jus riche en sucre et par suite un cidre très alcoolisé.

Mousset. — Vigoureux, rustique et fertile. Fruit de deuxième saison, très riche en sucre.

Long-bois ou long-pommier. — L'arbre produit peu, mais donne des fruits excellents.

Jamette. — L'arbre et le fruit sont de qualité parfaite. Donne un cidre bien coloré et bien alcoolisé.

Variétés régionales de Poires.

ORNE. — L'Orne est sans contredit le département français qu'il faut placer au premier rang dans la production du poiré tant pour la quantité que pour la qualité. Les arrondissements de Domfront et de Mortagne sont surtout réputés. Le poiré de Clécy jouit d'une faveur bien méritée.

Les meilleures poires (1) à cultiver sont les suivantes : *Moque Friand, Rouge-Vigny, Vert-la-Moricière, Pillo, Hyverne-verte, Bouc, Sauvagets.*

(1) Toutes les variétés que nous citons sont bien connues des agriculteurs ; aussi croyons-nous inutile de les décrire.

CALVADOS ET MANCHE. — Ici nous recommandons :
Huchet, Gris-de-loup, Grosse-grise.
EURE. — Les meilleures variétés sont :
Roulette, Fer, Cauteloup, Nerousse.

MAYENNE. — L'arrondissement de Mayenne produit un excellent poiré. Les meilleurs fruits sont : Céleri gros et petit, Rougeolet, Bezi-à-l'ami, Petit-Bezi, Gros-Normandie, Raguenet, Vinot.

INDEX ALPHABÉTIQUE

DES PRINCIPALES VARIÉTÉS DE FRUITS DE PRESSOIR
ET DE LEURS SYNONYMES

TABLE DES MATIÈRES

III. — Élevage du pommier à cidre. — La pépinière.

IV. — Plantation à demeure des arbres à fruits de pressoir. Soins ultérieurs à leur donner.

V. — Maladies et ennemis s'attaquant aux arbres à fruits de pressoir. Lutte contre leurs ravages.

DEUXIÈME PARTIE

MONOGRAPHIE DES VARIÉTÉS DE FRUITS DE PRESSOIR LES PLUS MÉRITANTS

VI. — Variétés fondamentales.

VII. — Variétés régionales.

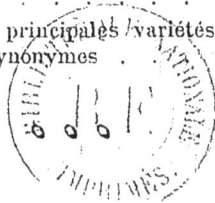

Paris. — Imp. Larousse, 13-17, rue Montparnasse (T.-L. 11-200.)

MARTIN-LESSART (*Bramtôt*).

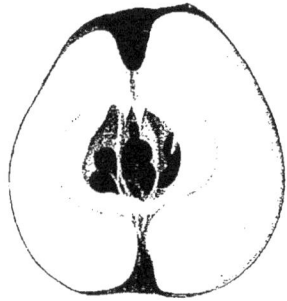

MARTIN-FESSART (*Braud(0l*).

*Assez régulière, à épiderme un peu rugueux, jaune verdâtre entremêlé de rouge brique.
Pulpe blanche et ferme.* (V. p. 82.)

GODARD.

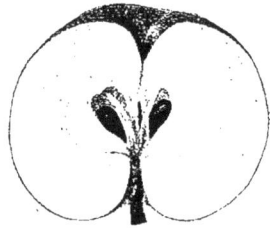

GODARD.

Irrégulière, rouge-verdâtre, à épiderme plaqué de rouge brique avec pointillés roux.
Pulpe blanc-jaunâtre. (V. p. 84.)

MÉDAILLE - D'OR.

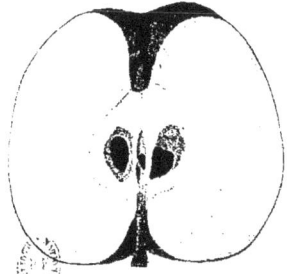

MÉDAILLE-D'OR.

Assez régulière, gris-roux. Pulpe blanc-jaunâtre. (V. p. 85.)

RÉDANGE.

BÉDANGE.

Assez régulière, jaune verdâtre pointillé de rouge ou de noir.
Pulpe blanche très ferme. (V. p. 85.)

FRÉQUIN-AUDIÈVRE.

2

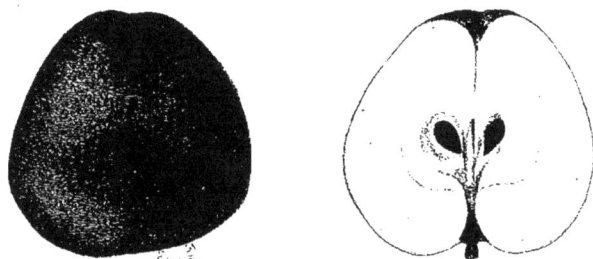

FRÈQUIN-AUDIÈVRE.

Assez régulière, rouge, à épiderme lavé de vert et plaqué de rouge.
Pulpe ferme et d'un blanc-jaunâtre. (V. p. 86.)

AMÈRE-DE-BERTHECOURT.

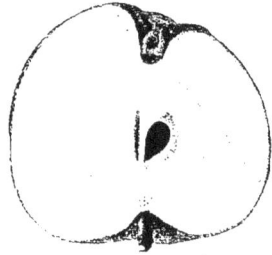

AMÈRE-DE-BERTHECOURT.

Assez régulière, vert-jaunâtre, à épiderme recouvert d'un enduit cireux, piqueté de points bruns ou violacés.
Pulpe jaune. (N. p. 95.)

DOCTEUR BLANCHE.

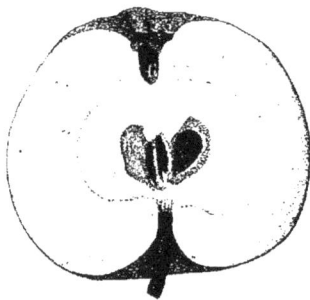

DOCTEUR-BLANCHE.

Un peu aplatie, jaune doré un peu pâle, à épiderme taché de nombreux points bruns ou carminés.
Pulpe blanc-jaunâtre. (V. p. 95.)

DOUX-AMER GRIS.

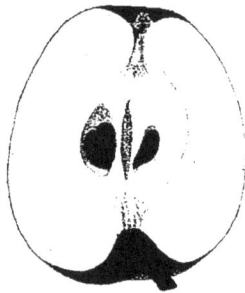

DOUX-AMER GRIS.

*Régulière, vert-jaunâtre, à épiderme roux orangé sur une vaste surface, recouvert de taches grises.
Pulpe un peu verte. (V. p. 95.)*

PETIT-DOUX.

3

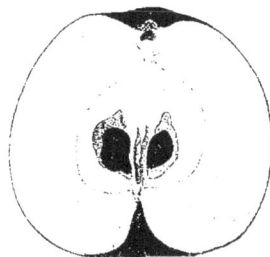

PETIT-DOUX.

Peu régulière, vert-jaune, à épiderme piqueté de nombreux points blanchâtres ou bruns.
Pulpe blanche. (V. p. 95.)

GIBET-ROUGE.

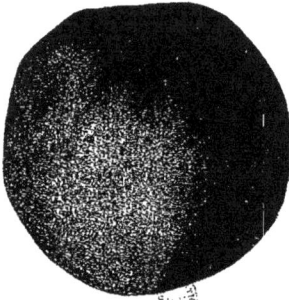

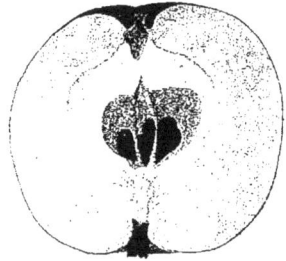

GILET-ROUGE.

Peau régulière, jaune, à épiderme couvert de carmin autour de l'œil. Pulpe blanche. (V. p. 93.)

JAMBE DE LIÈVRE.

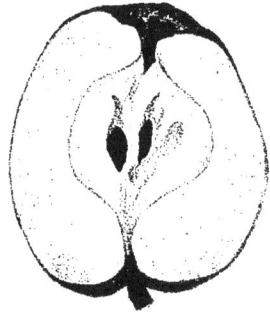

JAMBE-DE-LIÈVRE.

Régulière, vert clair, à épiderme recouvert sur une portion notable de carmin vif, parsemé de nombreux points bruns.
Pulpe verte. (V. p. 95.)

PETIT-DOUX SUCRÉ.

PETIT-DOUX SUCRÉ.

Assez régulière, vert-jaune, à épiderme parsemé de carmin et de points gris rugueux.
Pulpe blanc-jaunâtre. (V. p. 99.)

DOUX FRÉQUIN.

4

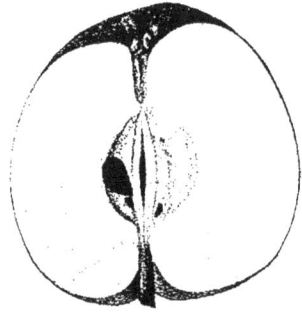

DOUX-FRÉQUIN.

Moyenne, plus large que haute, à épiderme jaune carminé parsemé de poils gris. Pulpe blanc-jaunâtre, grasse, juteuse.

(V. p. 99.)

GALOPIN

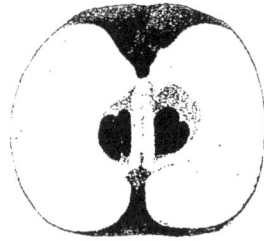

GALOPIN.

Très aplati sur les deux faces, à cavités très profondes et caractéristiques, verte, à épiderme recouvert
d'un enduit grisâtre. Pulpe blanc-jaunâtre. (V. p. 101.)

SAINT-LAURENT.

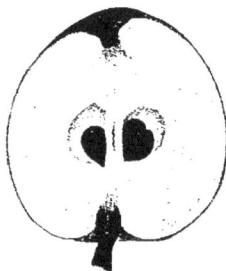

SAINT-LAURENT.

Régulière, conique, jaune vif, à épiderme teinté de rose orangé avec petits points bruns.
Pulpe blanche très légèrement jaunâtre. (V. p. 101.)

ARGILE-GRISE.

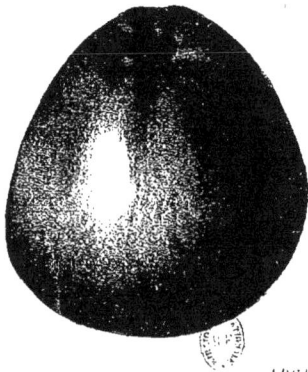

ARGILE-GRISE.

Plus large que haute, à épiderme vert teinté de rouge, sillonné de rayures plus foncées, pointillé de gris.
Pulpe jaune pâle. (V. p. 101.)

Bibliothèque Rurale